江西理工大学清江学术文库

复合波导中的
导波理论基础及应用

何文 王成 赵奎 林凤翻 著

北京

冶金工业出版社

2019

内 容 提 要

本书系统地介绍了几种复合结构中的纵向导波和扭转导波的理论基础和导波检测及监测的应用实例，是作者十多年来在导波理论和应用方面的研究总结。全书分 3 篇共 7 章。主要内容包括绪论、波动理论基础、空心圆柱体结构中的导波理论基础、实心圆柱体结构中的扭转导波理论基础、复合波导中的导波理论应用、锚固介质强度的扭转导波检测和充填体强度的导波监测试验。

本书可供采矿工程、岩土工程和地质工程技术人员使用，也可供相关领域的科研人员和高校相关专业师生参考。

图书在版编目(CIP)数据

复合波导中的导波理论基础及应用/何文等著. —北京：冶金工业出版社，2019.7
ISBN 978-7-5024-8144-5

Ⅰ.①复… Ⅱ.①何… Ⅲ.①导波 Ⅳ.①P315.3

中国版本图书馆 CIP 数据核字(2019)第 144518 号

出 版 人　谭学余
地　　址　北京市东城区嵩祝院北巷 39 号　邮编　100009　电话　(010)64027926
网　　址　www.cnmip.com.cn　电子信箱　yjcbs@cnmip.com.cn
责任编辑　郭冬艳　美术编辑　吕欣童　版式设计　禹　蕊
责任校对　石　静　责任印制　牛晓波
ISBN 978-7-5024-8144-5
冶金工业出版社出版发行；各地新华书店经销；三河市双峰印刷装订有限公司印刷
2019 年 7 月第 1 版，2019 年 7 月第 1 次印刷
169mm×239mm；10 印张；194 千字；150 页
55.00 元
冶金工业出版社　投稿电话　(010)64027932　投稿信箱　tougao@cnmip.com.cn
冶金工业出版社营销中心　电话　(010)64044283　传真　(010)64027893
冶金工业出版社天猫旗舰店　yjgycbs.tmall.com
(本书如有印装质量问题，本社营销中心负责退换)

前　　言

无损检测技术是在不损害被检测物体的前提下，采用物理化学手段，利用各种仪器，对被检测物体的结构变化或缺陷进行检测的技术。导波检测技术作为一种新兴的无损检测技术，由于导波在传播过程中的特性，广泛应用于油气管道、锚杆、锚索、轨道等结构的损伤检测。然而，导波检测技术虽在诸多领域都有广泛应用，但缺少系统介绍导波在各种结构检测中传播理论的参考书。

作者从事导波理论和应用方面的研究已有多年，为了使读者更好地了解导波检测技术的推广和应用，于是将多年的研究成果汇总归纳成书。导波检测技术的应用领域众多，任何一个领域都值得我们皓首穷经、终其一生去研究，因此，在本书的内容安排上，我们无法面面俱到，只期望将我们主要涉猎领域的研究成果与大家共享。

本书系统地研究了几种常见复合波导结构中的导波理论，并采用理论、实验和数值模拟相结合的手段，详细阐述了导波在矿业领域中的应用。本书分3篇共7章，即入门篇（第1和2章）、理论篇（第3和4章）、应用篇（第5～第7章）。入门篇介绍了国内外导波理论和应用方面的研究进展、波动方程和体波的基础知识，总结了导波的形成原因、导波的概念及特点。通过入门篇的学习使读者对导波的相关知识有一个初步的印象。理论篇论述了空心圆柱体结构中的导波理论基础和实心圆柱体结构中的扭转导波理论基础。通过理论篇的学习使读者对导波在空心圆柱体结构和实心圆柱体结构中的传播有一定的认知。应用篇介绍了导波理论的应用实例，包括复合波导中的导波理论应用、锚固介质强度的扭转导波检测和充填体强度的导波监测试验。

本书内容涉及的研究得到了国家自然科学基金（51604127）、中国博士后科学基金（2019M650156）、江西省自然科学基金（20171BAB206021）和江西省重点研发计划重点项目（20161BBG70077）的资助，在此表示衷心的感谢。

本书由江西理工大学资助出版，在此对江西理工大学在各方面提供的支持和帮助表示感谢。

由于作者水平有限，疏漏在所难免，恳请广大读者批评指正。

作　者

2019 年 2 月

目　　录

第3篇　应用篇

第1篇 入门篇

1 绪 论

随着科学和工业技术的快速发展，工业现代化日新月异，高温、高压、高速度和高负荷，无疑已成为现代化工业的重要标志。但它的实现是建立在材料（或构件）高质量的基础上[1]。一旦材料（或构件）出现损伤破坏，便会导致事故发生，造成人民生命和财产的损失。1952 年 10 月～1954 年 4 月，世界上最早投入使用的喷气式飞机，英国"彗星"客机，先后发生 8 起飞行事故。从深海打捞出的机体残骸上找到最早破坏的结构件，经机身疲劳水槽试验验证，确定是机身结构构件发生疲劳损伤，最终导致飞机坠毁。

1977 年，一架载满乘客的大型载人飞机坠毁于赞比亚的卢萨卡机场，在之后的事故原因调查中发现其右水平机翼出现大面积的疲劳断裂区。2003 年的"哥伦比亚号"航天飞机失事也是由于机体部位发生损伤导致在返回大气层时航天飞机解体，宇航员死亡。因此，对材料（或构件）的状态进行检测，保证材料（或构件）的安全可靠具有重要意义（见图 1-1）。

图 1-1 "哥伦比亚号"航天飞机失事

无损检测技术是利用物质的某些物理性质因存在缺陷或组织结构上的差异而使其物理量发生变化的现象，在不损伤被检物使用性能、形状及内部结构和形态的前提下，应用物理方法测量这些变化，从而达到了解和评价被检测的材料、产品和设备构件的性质、状态、质量或内部结构等目的的技术[2]。目前，无损检测技术已经在机械设备制造、冶金、化工、船舶、航空航天、建筑以及食品加工等领域都获得了广泛的应用，成为极其重要的检测和测试方法。

超声检测、射线检测、涡流检测、磁粉检测和渗透检测是几种传统的无损检测技术。超声检测利用了超声波在介质中的传播特性，当超声波在介质中传播时，会发生反射、透射与折射、衍射与散射、干涉、衰减、谐振以及声速等的变化，检测、分析经过介质的超声波即可实现对介质的检测。当试件的表面或内部存在缺陷时，采用 X 射线或其他射线对其进行检测，缺陷会对射线的传播造成影响，使得透射过试件的射线强度发生变化。不同尺寸、形状的缺陷对射线强度的影响程度不一，通过对射线强度变化的分析，可以实现对缺陷的检测。利用电磁感应原理，通过测定被测工件内感生涡流的变化来无损地评定工件的某些性能，或发现工件内存在的缺陷的检测手段称为涡流检测。当试件的表面或内部存在缺陷时，其磁力线的分布会发生变化。此时，若将试件磁化，缺陷部位会产生漏磁场。磁粉检测就是利用漏磁场会吸引磁粉的特点，根据磁粉的分布特征判断缺陷的位置、大小和尺寸。渗透检测采用渗透剂渗入工件表面开口缺陷，在清除工件表面的渗透剂后，从缺陷回渗的渗透剂可显示缺陷的位置、形状和大小[3]。

导波检测技术作为一种新兴的无损检测技术，广泛应用于油气管道，锚杆、锚索、轨道等结构的损伤检测。在固体中传播的导波，由于本身的特性，沿传播路径衰减很小，所以可以进行长距离、大范围的损伤检测。与传统超声波技术相比，导波检测技术具有两个明显的优势。第一，导波检测技术每次检测的区域是一条线，而不是一个点。导波沿传播路径的衰减很小，可以在构件中传播非常远的距离，因此激励点和接收点之间的距离也可以变得较远，它们之间的连线就是导波检测的区域。第二，由于导波在构件的内外表面和构件内部都有质点的振动，波动遍及整个构件，因此整个构件都可以被检测到，这就意味着既可以检测构件的内部损伤也可以检测构件的表面损伤。导波检测技术在无损检测领域中的应用前景广阔，在国内外学者的研究下，导波检测技术在理论方面不断发展、完善。

1.1 国外导波理论及应用研究进展

20 世纪初，国外陆续有人开展导波理论的研究。针对不同形式的波导，学者们进行了导波的理论分析。研究领域不断扩展，从无限介质中波的传播理论到板中导波的传播理论，再到与实际应用更为接近的柱面导波的传播理论[4]。

J. Rayleigh[5] 和 H. Lamb[6] 研究了不受约束条件下各向同性板中弹性波的传播特性，推导得到在平面应变假设下单层、各向同性自由板的 Rayleigh-Lamb 超越方程，从此拉开研究导波技术理论的帷幕。J. Ghosh[7]对导波在空心圆柱体中的传播进行求解，得到纵向轴对称模态的数值解，但他没有进行数值分析和对得到解的正确性的验证。Gazis[8,9]在已有成果的基础上，提出自己的线弹性理论。他假设空心圆柱体处于平面应变状态，推导出了导波在空心圆柱体中传播的频散方程。之后，Gazis[10]研究了导波在无限长、各向同性的圆柱壳中的传播，推导出纵向和扭转模态导波的频散方程，并进行数值计算，得到了导波的频散曲线和各模态的截止频率。Jing Mu[11]采用半解析有限元（SAFE）方法求解了黏弹性涂层自由空心圆柱中的导波传播问题，给出了轴对称和弯曲模式的导波色散曲线和衰减特性。并通过一种模式分类方法，给出了黏弹性涂层空心圆柱中导波模态正交性的理论证明。F. G. Yuan 等[12]在三维圆柱各向异性弹性理论的框架内，给出了复合材料层合圆柱壳中自由简谐波传播的精确解。

随着微机技术的发展和各种新的数值分析方法的出现为导波理论研究注入新鲜血液，增添新的活力。Alleyne 等[13]采用有限元法对 Lamb 波与钢板裂纹状缺陷的相互作用进行了数值和实验研究。结果表明，当波长与缺陷深度之比达到40 时，兰姆波可以用来检测缺陷。Robert Seifried 等[14]结合分析模型，瞬态有限元模拟和实验测量，定量分析 Lamb 波在多层复合结构组件中的传播。Rose 等[15]用边界元方法研究了平板结构中不同缺陷对导波散射过程的影响，提取并比较了具有这些缺陷类型的板的 Lamb 波反射和透射过程的几个特征。Chunhui Yang 等[16]讨论了用显式动力分析有限元模型对复合材料层合板中 Lamb 波传播进行数值模拟的若干问题。采用连续单元（三维实体单元）和结构单元（三维壳单元）对 Lamb 波在各向同性板和准各向同性层合材料中的激发、收集和传播的不同有限元模型进行了评估。Xiaoliang Zhao 等[17]通过边界元法（BEM）和正态模式扩展技术实现的波散射分析研究波导中二维形状缺陷的尺寸。Mingfang Zheng[18]利用基于商用软件 ABAQUS 的有限元方法进行了大量的数值模拟实验，分析了空心圆柱体的传播特性和规律的纵向模式和扭转模式，并通过信号研究了最佳激励模式和频率处理算法。

在导波传播理论研究不断涌现出新成果的同时，许多学者为了验证得到的理论成果，开展实验进行研究。Fitch[19]给出了空心圆柱轴对称和非轴对称纵波群速度的实验测量结果，并与理论值进行了比较，实验结果与计算值吻合较好。M. G. Silk[20]利用压电超声探头对薄壁金属管中导波的生成进行了实验研究。结果表明，能够在金属管中以可接受的效率生成 L(0,1) 模态的波，而 L(0,2) 模态的波的生成效率较低，而且由于 L(0,2) 模态的波的群速度更大，往往会增强由此引起的分辨率问题。Shin 等[21]研究了空心圆柱轴对称和非轴对称表面载荷作用下产生的导波，对轴对称和非轴对称激励产生的导波进行了理论和实验研究。

国外的许多学者对导波在损伤检测方面的应用进行了研究。Jin Kyung Lee 等[22]采用激光导波检测技术检测不锈钢钢管的焊缝缺陷，并对比分析了有无焊缝缺陷状态下的模态转换情况、回波幅值与能量的变化，结果表明超声导波检测技术能够检测出管道焊缝区是否存在缺陷。H. Reis[23]研究了一种无线嵌入式传感器系统来监测和评估钢筋混凝土中的腐蚀损伤，制作了带缺陷的钢筋砂浆试件来模拟腐蚀损伤。利用钢筋的波导效应，使用超声波方法对这些试件进行了测试。采用相同的超声波方法，在加速腐蚀试验期间，也对无缺陷的试样进行了监测。研究结果表明，钢筋与周围混凝土的黏结强度损失是可以检测和评价的。Chong Myoung Lee 等[24]提出可以使用恰当模态和频率的导波来检测脱轨，特殊的模式和频率也可以用来检测钢轨的腹板或底座的缺陷。

1.2　国内导波理论及应用研究进展

国内在导波方面的研究较国外起步晚，但在科研工作者们探索研究下，取得了一定的成果。何存富、吴斌等[25]综述了无损探测中的柱面导波技术及其应用研究进展，着重评述了导波的模态和频率选择、导波的激励和接收方法、导波与缺陷的相互作用、信号处理与特征提取及导波技术在无损检测中的应用前景。程载斌、王志华等[26]综述了导波监测技术及其应用研究进展，重点评述了导波技术在管道损伤监测中的应用，主要内容涉及应力波在管道中的传播特性、试验检测方法及对接收信号的处理方法。焦敬品等[27]研究了管道中导波的传播特性，试验检测方法以及数值模拟。李衍、强天鹏[28]介绍了超声导波技术在长距离管道检测的应用。何存富、李隆涛等[29]研究了薄壁管道内周向导波的传播及其频散特性，并且通过对比薄壁板与薄壁管道内的导波，找出了一个比较简便研究周向导波的方法，并通过实验验证了周向导波的频散现象以及激励模态与斜探头楔型角的关系。刘镇清[30]介绍了圆管中导波的传播形式，并对无损检测中使用方便、容易识别的 L(0, 2) 模式导波在各种圆管中的传播及缺陷检测能力给出了实验测试例子。刘青青[31]利用有限元特征频率法对钢轨中超声导波传播特性进行了数值分析，计算得到了超声导波在钢轨中的频散曲线，并对钢轨中典型导波模态振型进行分析。同时，考虑到计算的成本，单独选择了钢轨的轨头部分进行频散计算，并对其典型的导波模态振型进行分析。王成等[32~35]分析了锚固锚杆中导波的产生机理，并通过数值模拟的方法，研究了低频导波在锚固锚杆中的传播特性，确定了在端锚锚杆锚固段上界面有明显反射回波信号的频率范围。

参 考 文 献

[1] 李喜孟. 无损检测 [M]. 北京：机械工业出版社，2001.
[2] 夏纪真. 无损检测导论 [M]. 广州：中山大学出版社，2010.

［3］ 曾琼，肖江文，袁建辉. 浅谈无损检测技术的发展与展望［J］. 计量与测试技术，2006（12）：9～10.

［4］ 宋志东. 导波技术在管道缺陷检测中的研究［D］. 天津：天津大学，2006.

［5］ Rayleigh J. The theory of Sound. Vol. I and II ［M］. Dover Publications, New York, 1945.

［6］ Lamb H. On waves in an elastic plate ［J］. Proceedings of the Royal Society of London. Series A, Mathematical and Physical Sciences. 1917, 93：114.

［7］ Ghosh J. Longitudinal vibrations of a hollow cylinder ［J］. Bulletin of the Calcutta Mathematical Society, 1923, 24 （14）：31～40.

［8］ Gazis D. Exact analysis of the plane-strain vibrations of thick-walled hollow cylinders ［J］. Journal of the Acoustical Society of America. 1958, 30：786～794.

［9］ Gazis D. Three-dimensional investigation of the propagation of waves in hollow circular cylinders. I. Analytical foundation ［J］. Journal of the Acoustical Society of America. 1959, 31：568～573.

［10］ Gazis D. Three-dimensional investigation of the propagation of waves in hollow circular cylinders. II. Numerical results ［J］. Journal of the Acoustical Society of America. 1959, 31：573～578.

［11］ Mu Jing, Rose Joseph L. Guided wave propagation and mode differentiation in hollow cylinders with viscoelastic coatings. ［J］. Acoustical Society of America. Journal, 2008, 124 （2）.

［12］ Yuan F G, Hsieh C C. Three-dimensional wave propagation in composite cylindrical shells ［J］. Composite Structures, 1998, 42 （2）.

［13］ Alleyne D N, Cawley P. The measurements and prediction of Lamb wave interaction with defects ［P］. Ultrasonics Symposium, 1991. Proceedings. , IEEE 1991, 1991.

［14］ Robert Seifried, Laurence J Jacobs, Jianmin Qu. Propagation of guided waves in adhesive bonded components ［J］. NDT & E International, 2002, 35 （5）.

［15］ Rose J L , Zhu W , Cho Y. Boundary element modeling for guided wave reflection and transmission factor analyses in defect classification ［C］. Ultrasonics Symposium. IEEE, 1998.

［16］ Chunhui Yang, Lin Ye, Zhongqing Su, et al. Some aspects of numerical simulation for Lamb wave propagation in composite laminates ［J］. Composite Structures, 2006, 75 （1）.

［17］ Xiaoliang Zhao, Rose J L. Boundary element modeling for defect characterization potential in a wave guide ［J］. International Journal of Solids and Structures, 2003, 40 （11）：2645～2658.

［18］ Mingfang Zheng. Modeling Three-dimensional Ultrasonic Guided Wave Propagation and Scattering in Circular Cylindrical Structures using Finite Element Approach ［A］. Information Engineering Research Institute, USA. Physics Procedia 2011 International Conference on Physics Science and Technology（ICPST 2011）［C］. Information Engineering Research Institute, USA：智能信息技术应用学会，2011：7.

［19］ Fitch Arthur H. Observation of Elastic-Pulse Propagation in Axially Symmetric and Nonaxially Symmetric Longitudinal Modes of Hollow Cylinders ［J］. The Journal of the Acoustical Society of America, 1963, 35 （5）：706～708.

［20］ Silk M G. The propagation in metal tubing of ultrasonic wave modes equivalent to Lamb waves ［J］. Ultrasonics, 1979, 17 （1）：11～19.

［21］ Shin H J , Rose J L. Guided waves by axisymmetric and non-axisymmetric surface loading on hollow cylinders [J]. Ultrasonics, 1999, 37 (5): 355～363.

[22] Lee J K, Bae D, Lee S P, et al. Evaluation on defect in the weld of stainless steel material using nondestructive technique [J]. Fusion Engineering and Design,2014, 89 (7～8): 1739～1745.

[23] Reis H. Estimation of corrosion damage in steel reinforced mortar using waveguides [J]. 2015.

[24] Chong Myoung Lee, Joseph L Rose, Younho Cho. A Guided Wave Approach to Defect Detection under Shelling in Rail [J]. NDT & E International, 2009, 42 (3): 174～180.

[25] 何存富, 吴斌, 范晋伟. 超声柱面导波技术及其应用研究进展 [J]. 力学进展, 2001, 31 (2): 203～214.

[26] 程载斌, 王志华, 马宏伟, 等. 管道应力波检测技术及研究进展 [J]. 太原理工大学学报, 2003, 34 (4): 426～431.

[27] 焦敬品, 吴斌, 王秀彦, 等. 管道导波探测技术研究发展 [J]. 实验力学, 2002, 17 (1): 1～9.

[28] 李衍, 强天鹏. 管道长距离超声导波检测新技术的特性和应用 [J]. 无损探伤, 2002, 14: 1～3.

[29] 何存富, 李隆涛, 吴斌. 周向超声导波在薄壁管道中的传播研究 [J]. 实验力学, 2002, 17 (4): 419～424.

[30] 刘镇清. 圆管中的导波 [J]. 无损检测, 1999, 21 (12): 560～562.

[31] 刘青青. 钢轨中超声导波传播特性研究 [D]. 北京: 北京工业大学, 2013.

[32] 王成, 宁建国. 锚杆锚固中导波传播的数值模拟 [J]. 岩石力学与工程学报, 2007, 26 (增2): 3946～3953.

[33] 魏立尧, 王成, 孙远翔, 等. 导波在锚固金属杆中传播机理的研究 [J]. 岩土工程学报, 2005, 27 (12): 1437～1441.

[34] 何文, 王成, 宁建国, 等. 导波在端锚锚杆锚固段上界面的反射研究 [J]. 煤炭学报, 2009, 34 (11): 1451～1455.

[35] Wang Cheng, He Wen, Ning Jianguo, et al. Propagation properties of guided waves in the anchorage structure of rock bolts [J]. Journal of Applied Geophysics, 2009, 3～4: 131～139.

② 波动理论基础

波是扰动（例如力或者位移的扰动）以一定的速度在介质中的传播，而介质包括固体、液体和气体。波在介质中的传播是一种非常复杂的现象，并受到多种因素的影响（例如介质的材料属性、尺寸、波的频率等）。

本章主要对弹性介质中的波动理论知识进行介绍和回顾。在 2.1 节中，推导了波在无限大的各向同性弹性介质中的传播方程；在 2.2 节中，介绍了三维导波的概念、形成及特点。

2.1 无限大各向同性介质中的波动方程及体波

2.1.1 波动方程的推导

刚体动力学假定一个运动中的物体受到的合力可以集中于物体中的任一点，换一句话说，刚体动力学假定物体的弹性模量趋于无穷大。而对于任何实际物体，它们的弹性模量的值都是有限的，并且波动方程可以通过对物体中的微小的质量单元分析得到。根据牛顿第二定律，在受力的情况下，微小的质量单元将产生加速度，因此微小单元的位置将会发生改变，这也造成了与微小单元邻近单元的位置发生改变，其结果是应力持续在物体中传递，并最终形成了波的传播。

图 2-1 为应力作用于物体中一微小六面体单元的示意图。为了便于分析，我们只考察 x 方向的力。

图 2-1 中有 6 个面力分量和一个体力分量 X。为了得到 x 方向的运动方程，只需将达朗贝尔原理应用于微小单元。在不考虑体力分量 X 的情况下，x 方向的运动方程可以表示为

$$\rho \, \mathrm{d}x\mathrm{d}y\mathrm{d}z \frac{\mathrm{d}^2 u_x}{\mathrm{d}t^2} = \left(\frac{\partial \sigma_{xx}}{\partial x} + \frac{\partial \tau_{yx}}{\partial y} + \frac{\partial \tau_{zx}}{\partial z} \right) \mathrm{d}x\mathrm{d}y\mathrm{d}z \tag{2-1}$$

化简式（2-1）得

$$\rho \frac{\mathrm{d}^2 u_x}{\mathrm{d}t^2} = \frac{\partial \sigma_{xx}}{\partial x} + \frac{\partial \tau_{yx}}{\partial y} + \frac{\partial \tau_{zx}}{\partial z} \tag{2-2}$$

式中，ρ 为材料的密度；u_x 为微小单元在 x 方向的位移。同理可得 y 和 z 方向的运动方程：

$$\rho \frac{\mathrm{d}^2 u_y}{\mathrm{d}t^2} = \frac{\partial \tau_{yx}}{\partial x} + \frac{\partial \sigma_{yy}}{\partial y} + \frac{\partial \tau_{yz}}{\partial z} \tag{2-3}$$

$$\rho \frac{\mathrm{d}^2 u_z}{\mathrm{d}t^2} = \frac{\partial \tau_{zx}}{\partial x} + \frac{\partial \tau_{zy}}{\partial y} + \frac{\partial \sigma_{zz}}{\partial z} \tag{2-4}$$

对于波动这一类小位移问题，$\frac{\mathrm{d}^2}{\mathrm{d}t^2}$可以用$\frac{\partial^2}{\partial t^2}$代替。

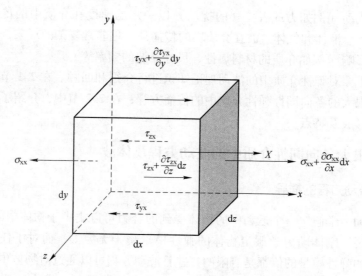

图 2-1　应力作用于物体中一微小六面体单元的示意图（x 方向）[1]

直角坐标系下，利用虎克定理表示的应力 – 应变关系为[2]

$$\sigma_{xx} = \lambda \left(\frac{\partial u_x}{\partial x} + \frac{\partial u_y}{\partial y} + \frac{\partial u_z}{\partial z} \right) + 2\mu \frac{\partial u_x}{\partial x} \tag{2-5}$$

$$\sigma_{yy} = \lambda \left(\frac{\partial u_x}{\partial x} + \frac{\partial u_y}{\partial y} + \frac{\partial u_z}{\partial z} \right) + 2\mu \frac{\partial u_y}{\partial y} \tag{2-6}$$

$$\sigma_{zz} = \lambda \left(\frac{\partial u_x}{\partial x} + \frac{\partial u_y}{\partial y} + \frac{\partial u_z}{\partial z} \right) + 2\mu \frac{\partial u_z}{\partial z} \tag{2-7}$$

$$\tau_{xy} = \tau_{yx} = \mu \left(\frac{\partial u_x}{\partial y} + \frac{\partial u_y}{\partial x} \right) \tag{2-8}$$

$$\tau_{yz} = \tau_{zy} = \mu \left(\frac{\partial u_y}{\partial z} + \frac{\partial u_z}{\partial y} \right) \tag{2-9}$$

$$\tau_{zx} = \tau_{xz} = \mu \left(\frac{\partial u_z}{\partial x} + \frac{\partial u_x}{\partial z} \right) \tag{2-10}$$

式中，λ 和 μ 分别为材料的拉梅（Lamé）常数。

将式（2-5）~式（2-10）代入式（2-2）~式（2-4）得：

$$\mu\left(\frac{\partial^2}{\partial x^2}+\frac{\partial^2}{\partial y^2}+\frac{\partial^2}{\partial z^2}\right)u_x+(\lambda+\mu)\frac{\partial}{\partial x}\left(\frac{\partial u_x}{\partial x}+\frac{\partial u_y}{\partial y}+\frac{\partial u_z}{\partial z}\right)=\rho\frac{\partial^2 u_x}{\partial t^2} \tag{2-11}$$

$$\mu\left(\frac{\partial^2}{\partial x^2}+\frac{\partial^2}{\partial y^2}+\frac{\partial^2}{\partial z^2}\right)u_y+(\lambda+\mu)\frac{\partial}{\partial y}\left(\frac{\partial u_x}{\partial x}+\frac{\partial u_y}{\partial y}+\frac{\partial u_z}{\partial z}\right)=\rho\frac{\partial^2 u_y}{\partial t^2} \tag{2-12}$$

$$\mu\left(\frac{\partial^2}{\partial x^2}+\frac{\partial^2}{\partial y^2}+\frac{\partial^2}{\partial z^2}\right)u_z+(\lambda+\mu)\frac{\partial}{\partial z}\left(\frac{\partial u_x}{\partial x}+\frac{\partial u_y}{\partial y}+\frac{\partial u_z}{\partial z}\right)=\rho\frac{\partial^2 u_z}{\partial t^2} \tag{2-13}$$

则式（2-11）~式（2-13）的紧凑表达式为：

$$\mu\nabla^2\boldsymbol{u}+(\lambda+\mu)\nabla\nabla\cdot\boldsymbol{u}=\rho\frac{\partial^2\boldsymbol{u}}{\partial t^2} \tag{2-14}$$

式中，$\boldsymbol{u}$ 为位移矢量。这里 ∇ 为梯度算子，它代表 $\left(i\frac{\partial}{\partial x}+j\frac{\partial}{\partial y}+k\frac{\partial}{\partial z}\right)$；$\nabla^2$ 为三维拉普拉斯（Laplace）算子，它代表 $\left(\frac{\partial^2}{\partial x^2}+\frac{\partial^2}{\partial y^2}+\frac{\partial^2}{\partial z^2}\right)$；$\nabla\cdot\boldsymbol{u}$ 为体积应变，它代表 $\frac{\partial u_x}{\partial x}+\frac{\partial u_y}{\partial y}+\frac{\partial u_z}{\partial z}$；$\rho$ 为材料的密度。

式（2-14）即为各向同性弹性介质的纳维-斯托克斯（Navier-Stokes）位移运动方程。

对式（2-14）进行处理的主要方法为亥姆霍茨（Helmholtz）分解[3]。位移矢量 $\boldsymbol{u}$ 可被分解成非旋转分量 $\nabla\phi$ 和旋转分量 $\nabla\times\boldsymbol{\varPsi}$：

$$\boldsymbol{u}=\nabla\phi+\nabla\times\boldsymbol{\varPsi} \tag{2-15}$$

式中，ϕ 为压缩标量势；$\boldsymbol{\varPsi}$ 为等容矢量势。如果压缩势和等容势均为解析函数，且位移场连续，则式（2-15）中的矢量场的分解方法是永远成立的[4]。

将式（2-15）代入运动方程式（2-14），可得

$$\mu\nabla^2\nabla\times\boldsymbol{\varPsi}+(\lambda+2\mu)\nabla^2\nabla\phi=\rho\frac{\partial^2}{\partial t^2}(\nabla\phi+\nabla\times\boldsymbol{\varPsi}) \tag{2-16}$$

化简式（2-16），可得

$$\nabla\left[(\lambda+2\mu)\nabla^2\phi-\rho\left(\frac{\partial^2\phi}{\partial t^2}\right)\right]+\nabla\times\left[\mu\nabla^2\boldsymbol{\varPsi}-\rho\left(\frac{\partial^2\boldsymbol{\varPsi}}{\partial t^2}\right)\right]=0 \tag{2-17}$$

式（2-17）中的方括号里面的两个表达式均满足等于零的条件，因此式（2-17）又能被表达为以下两式

$$\nabla^2\phi=\frac{1}{c_p^2}\frac{\partial^2\phi}{\partial t^2} \tag{2-18}$$

$$\nabla^2\boldsymbol{\varPsi}=\frac{1}{c_s^2}\frac{\partial^2\boldsymbol{\varPsi}}{\partial t^2} \tag{2-19}$$

式（2-18）和式（2-19）又被称为亥姆霍茨（Helmholtz）偏微分方程，其中 $\nabla\cdot\boldsymbol{\varPsi}=0$。而 c_p 和 c_s 分别表示各向同性弹性介质中的纵波和横波波速：

$$c_{\mathrm{p}} = \sqrt{\frac{\lambda + 2\mu}{\rho}} = \sqrt{\frac{E(1-\nu)}{(1+\nu)(1-2\nu)\rho}} \tag{2-20}$$

$$c_{\mathrm{s}} = \sqrt{\frac{\mu}{\rho}} = \sqrt{\frac{G}{\rho}} = \sqrt{\frac{E}{2(1+\nu)\rho}} \tag{2-21}$$

式中，E、G 和 ν 分别为介质的弹性模量、剪切模量和泊松比。

由式（2-20）和式（2-21）可知，在无限大介质中存在纵波和横波，它们即为体波（bulk wave）。体波在介质中传播时不受边界的影响[5]，并且这两种体波以各自的速度传播，它们的速度大小取决于介质的材料属性。

2.1.2　体波的介绍

作为体波之一的纵波（longitudinal wave），又被称为压缩波，疏密波，无旋波，第一波，P 波等。图 2-2 为纵波在介质中的传播形态。

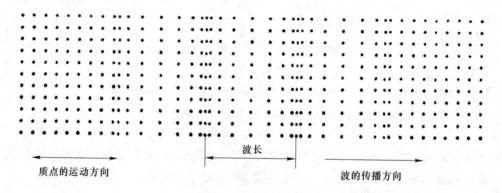

图 2-2　纵波在介质中的传播形态[6]

从图 2-2 可以看出，纵波在介质中传播时，介质中质点的振动方向和纵波的传播方向一致，并且振源不断向外传播出密疏相间的振动。相邻两个稀疏或者稠密间的距离即为纵波的波长。

横波（transverse wave），又被称为剪切波，等体积波，畸变波，第二波，S 波等。图 2-3 为横波在介质中的传播形态。

从图 2-3 可以看出，横波在介质中传播时，介质的质点的振动方向和横波的传播方向垂直，并且在外表上形成一种"波浪起伏"，即形成波峰和波谷。相邻的两个波峰或波谷之间的距离即为横波的波长。

因为固体有切变弹性，所以在固体中能够传播横波，而液体和气体没有切变弹性，因此只能传播纵波，而不能传播横波。

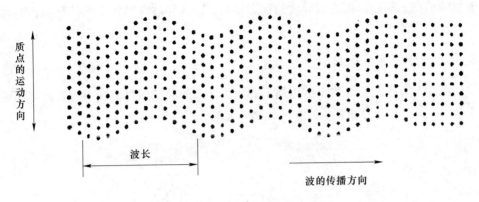

图 2-3 横波在介质中的传播形态[6]

2.2 导波

相对于体波而言，在有限尺寸的介质中传播的弹性波称为导波（guided wave）。例如杆、管、板等结构（称为波导）中的波均为导波。当频率大于 20kHz 时，导波又被称为超声导波。

2.2.1 导波的形成

本节以板中的导波为例，介绍导波如何在有限尺寸的介质中形成并传播。图 2-4 演示了板中导波的形成过程。

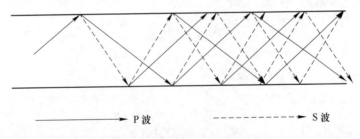

图 2-4 板中导波的形成过程[7]

图 2-4 的板被置于真空中。在板的一端输入一纵波，根据 Snell 反射定律

$$\frac{\sin\theta_{\mathrm{p}}}{c_{\mathrm{p}}} = \frac{\sin\theta_{\mathrm{s}}}{c_{\mathrm{s}}} \tag{2-22}$$

式中，θ_{p} 和 θ_{s} 分别为纵波和横波的入射角，可知：当纵波到达板的一侧界面时，将会产生反射，这是一个多次往复反射的过程，期间伴随着波形的转换，并进一步产生复杂的波动干涉和几何弥散现象。此时弹性波在板中将不再以单独的纵波

或横波的形态传播，而是以导波的形态传播，因此导波在结构中的传播特性与体波存在较大的差异。

2.2.2　导波的常见概念

图 2-5 为导波在结构中的传播形态。图 2-5 的导波信号波包中包含许多高频子波。a 和 b 分别为高频子波和波包信号上的一点。

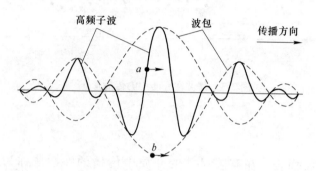

图 2-5　导波的传播形态

2.2.2.1　相速度

导波的相速度（phase velocity）代表高频子波上同一相位的某一点的传播速度（例如图 2-5 中的 a 点）。

相速度 c_{ph} 的表达式为：

$$c_{ph} = \frac{\omega}{k} \tag{2-23}$$

式中，ω 为波的圆频率；k 为波数。

2.2.2.2　群速度

导波的群速度（group velocity）代表信号波包的传播速度[8]。我们一般利用信号波包峰值点（例如图 2-5 中的 b 点）的时间变化计算导波的群速度。

群速度 c_{gr} 的表达式为：

$$c_{gr} = \frac{d\omega}{dk} \tag{2-24}$$

2.2.2.3　频散曲线

导波的频散曲线（dispersion curve）种类较多，例如相速度频散曲线、群速度频散曲线、衰减频散曲线等。图2-6为直径 ϕ22mm 的圆钢锚杆中纵向导波的相速度频散曲线，它反映了导波的相速度随频率的变化趋势。

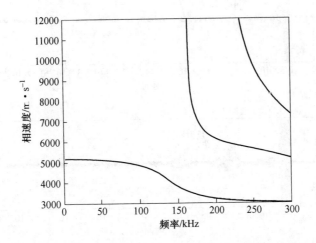

图 2-6   直径 ϕ22mm 的圆钢锚杆中纵向导波的相速度频散曲线

2.2.2.4   截止频率

截止频率（cutoff frequency）指结构中出现某一模态的导波所对应的最小频率值。例如图2-6中第一个纵向模态没有截止频率，或者称截止频率为零；而频率大于165kHz时，第二个纵向模态的导波才能够在锚杆中传播。第三个纵向模态导波的截止频率更高。

2.2.3   导波的特点

2.2.3.1   频散特性

当导波中高频子波的相速度大于导波波包的群速度时，导波的频散特性就能够体现出来[9]，此时导波的波包形状将发生改变。相速度和群速度的差异越大，波包形状的变化越大，代表导波的频散特性越强。

图2-7反映了导波频散特性的实验结果。

50kHz 导波检测波形（图2-7a）的第一次和第二次反射回波的波包宽度差异不大，而90kHz实验结果（图2-7b）的第二次反射回波的波包宽度要明显大于第一次的回波信号。说明90kHz导波的频散特性要强于50kHz的导波。导波的频散性越强，波包宽度变化越大，利用两个波包信号的峰峰值时间差确定导波传播速度的难度就越大。

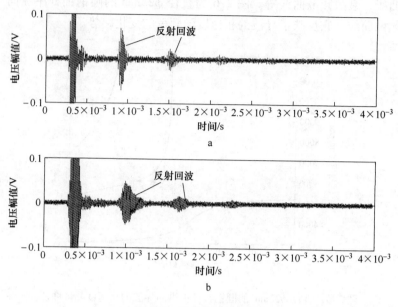

图 2-7　导波的频散特性

a—50kHz；b—90kHz

2.2.3.2　多模态特性

当导波的频率达到一定值，结构中将出现多个模态的导波，这就是导波的多模态特性。由图 2-6 可知，当频率大于 250kHz 时，圆钢锚杆中将出现三个模态的纵向导波。结构中存在较多的导波模态不利于我们分辨并提取反射回波信号。

对结构进行无损检测时，应尽量选用模态单一的，且频散性较弱的导波。

参 考 文 献

[1] 冯元桢. 连续介质力学导论 [M]. 李松年，马和中，译. 北京：科学出版社，1984.

[2] 阿肯巴赫. 弹性固体中波的传播 [M]. 徐植信，洪锦如，译. 上海：同济大学出版社，1992.

[3] Morse P M, Feshbach H. Method of Theoretical Physics [M]. Volume 1. New York：McGraw-Hill Book Company, 1953.

[4] Malvern L E. Introduction to the Mechanics of a Continuous Medium [M]. New Jersey：Prentice Hall Press, 1969.

[5] Krautkrämer J, Krautkrämer H. Ultrasonic Testing of Materials [M]. Berlin：Springer Verlag Press, 1990.

[6] Frederick J R. Ultrasonic Engineering [M]. New York: John Wiley and Sons, 1965.

[7] Rose J L, Zhao X. Anomaly throughwall depth measurement potential with shear horizontal guided waves [J]. Material Evaluation, 2001, 59: 1234~1238.

[8] Serway P A. Physics for Scientist and Engineers with Modern Physics [M]. Philadelphia: Sauders, 1990.

[9] Auld B A. Acoustic Fields and Waves in Solids [M]. Volume II. Standford: Krieger Publishing Company, 1990.

第2篇 理论篇

③ 空心圆柱体结构中的导波理论基础

空心圆柱体结构广泛应用于各个领域中，比如输送物料的管道、支护松软岩层的缝管锚杆和各种压力容器等。在本书中，对各种空心圆柱体结构进行分类，裸露的各种空心圆柱体结构称之为自由空心圆柱体结构，比如一些管道、压力容器；被其他介质包裹的各种空心圆柱体结构称之为多层空心圆柱体结构，比如岩土支护工程中常用的缝管锚杆。

Ghosh[1]最早开展了波在空心圆柱体中的传播特性的研究，建立了空心圆柱体中纵向导波的频散方程，并得到了频散方程的数值解。Gazi[2,3]系统地建立了空心圆柱体中导波的频散方程，并发现空心圆柱体中的导波与板波（lamb wave）的性质有许多相似之处[4,5]。Fitch[6]利用实验证明了 Gazi 的关于空心圆柱体中的轴对称和非轴对称波的理论。

3.1 自由空心圆柱体结构中的纵向导波理论

自由空心圆柱体结构中的导波模态除了纵向导波 L，扭转导波 T 和弯曲导波 F 外，还有周向导波模态（circumferential guided wave）[7,8]。本节主要讨论纵向导波和扭转导波在自由空心圆柱体结构中的传播特性，为后面研究纵向导波在多层空心圆柱体结构中的传播奠定了基础。

为了建立自由空心圆柱体结构中导波的频散方程，首先做出一定的假设，以便于频散方程的求解。基本的假设如下：

（1）空心圆柱体结构是轴对称的，且沿轴向方向尺寸无限大。

（2）空心圆柱体结构是均匀的、各向同性的弹性介质。

（3）空心圆柱体结构周围的空气介质视为真空。

（4）空心圆柱体结构中传播的导波是连续的能量信号。

图 3-1 为自由空心圆柱体结构在柱坐标下的示意图。图中 r_1 为自由空心圆柱体结构的内半径，r_2 为自由空心圆柱体结构的外半径，并假设导波沿 z 轴传播。

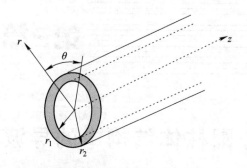

图 3-1　自由空心圆柱体结构结构

3.1.1　频散方程的建立

自由空心圆柱体结构在柱坐标系下，介质中的波动方程式（2-2）~式（2-4）可以表示为：

$$\rho \frac{\partial^2 u_r}{\partial t^2} = (\lambda + 2\mu) \frac{\partial \Delta}{\partial r} - \frac{2\mu}{r} \frac{\partial \omega_z}{\partial \theta} + 2\mu \frac{\partial \omega_\theta}{\partial z} \tag{3-1}$$

$$\rho \frac{\partial^2 u_\theta}{\partial t^2} = (\lambda + 2\mu) \frac{1}{r} \frac{\partial \Delta}{\partial \theta} - 2\mu \frac{\partial \omega_r}{\partial z} + 2\mu \frac{\partial \omega_z}{\partial r} \tag{3-2}$$

$$\rho \frac{\partial^2 u_z}{\partial t^2} = (\lambda + 2\mu) \frac{\partial \Delta}{\partial z} - \frac{2\mu}{r} \frac{\partial}{\partial r}(r\omega_\theta) + \frac{2\mu}{r} \frac{\partial \omega_r}{\partial \theta} \tag{3-3}$$

式中，Δ 为体积应变在柱坐标系下的表达式：

$$\Delta = \frac{1}{r} \frac{\partial(ru_r)}{\partial r} + \frac{1}{r} \frac{\partial u_\theta}{\partial \theta} + \frac{\partial u_z}{\partial z} \tag{3-4}$$

式中，ω_r、ω_θ 和 ω_z 为三个正交的旋转量，它们的位移梯度表达式分别为：

$$2\omega_r = \frac{1}{r} \frac{\partial u_z}{\partial \theta} - \frac{\partial u_\theta}{\partial z} \tag{3-5}$$

$$2\omega_\theta = \frac{1}{r} \frac{\partial u_r}{\partial z} - \frac{\partial u_z}{\partial r} \tag{3-6}$$

$$2\omega_z = \frac{1}{r} \left[\frac{\partial(ru_\theta)}{\partial r} - \frac{\partial u_r}{\partial \theta} \right] \tag{3-7}$$

利用位移的亥姆霍兹（Helmholtz）分解

$$\boldsymbol{u} = \nabla \phi + \nabla \times \boldsymbol{\Psi} \tag{3-8}$$

及柱坐标系中的矢量算法，可以得到柱坐标系下 r、θ、z 三个方向的位移表达式为[9]：

$$u_{\mathrm{r}} = \frac{\partial \phi}{\partial r} + \frac{1}{r} \frac{\partial \psi_{\mathrm{z}}}{\partial \theta} - \frac{\partial \psi_{\theta}}{\partial z} \tag{3-9}$$

$$u_{\theta} = \frac{1}{r} \frac{\partial \phi}{\partial \theta} + \frac{\partial \psi_{\mathrm{r}}}{\partial z} - \frac{\partial \psi_{\mathrm{z}}}{\partial r} \tag{3-10}$$

$$u_{\mathrm{z}} = \frac{\partial \phi}{\partial z} + \frac{1}{r} \frac{\partial}{\partial r}(r\psi_{\theta}) - \frac{1}{r} \frac{\partial \psi_{\mathrm{r}}}{\partial \theta} \tag{3-11}$$

式中，ψ_{r}、ψ_{θ}、ψ_{z} 为矢量势 $\boldsymbol{\Psi}$ 在 r、θ、z 三个方向上的分量。标量势 ϕ 和矢量势 $\boldsymbol{\Psi}$ 分别满足：

$$\nabla^2 \phi = \frac{1}{c_{\mathrm{p}}^2} \frac{\partial^2 \phi}{\partial t^2} \tag{3-12}$$

$$\nabla^2 \boldsymbol{\Psi} = \frac{1}{c_{\mathrm{s}}^2} \frac{\partial^2 \boldsymbol{\Psi}}{\partial t^2} \tag{3-13}$$

与此同时，矢量势 $\boldsymbol{\Psi}$ 的三个分量分别满足下列方程：

$$\nabla^2 \psi_{\mathrm{r}} - \frac{\psi_{\mathrm{r}}}{r^2} - \frac{2}{r^2} \frac{\partial \psi_{\theta}}{\partial \theta} = \frac{1}{c_{\mathrm{s}}^2} \frac{\partial^2 \psi_{\mathrm{r}}}{\partial t^2} \tag{3-14}$$

$$\nabla^2 \psi_{\theta} - \frac{\psi_{\theta}}{r^2} + \frac{2}{r^2} \frac{\partial \psi_{\mathrm{r}}}{\partial \theta} = \frac{1}{c_{\mathrm{s}}^2} \frac{\partial^2 \psi_{\theta}}{\partial t^2} \tag{3-15}$$

$$\nabla^2 \psi_{\mathrm{z}} = \frac{1}{c_{\mathrm{s}}^2} \frac{\partial^2 \psi_{\mathrm{z}}}{\partial t^2} \tag{3-16}$$

式中，∇^2 为柱坐标系下的 Laplace 算子，其定义为：

$$\nabla^2 = \frac{\partial^2}{\partial r^2} + \frac{1}{r} \frac{\partial}{\partial r} + \frac{1}{r^2} \frac{\partial^2}{\partial \theta^2} + \frac{\partial^2}{\partial z^2} \tag{3-17}$$

柱坐标系下的应力 – 应变关系为：

$$\sigma_{\mathrm{rr}} = \lambda \left(\frac{\partial u_{\mathrm{r}}}{\partial r} + \frac{u_{\mathrm{r}}}{r} + \frac{1}{r} \frac{\partial u_{\theta}}{\partial \theta} + \frac{\partial u_{\mathrm{z}}}{\partial z} \right) + 2\mu \frac{\partial u_{\mathrm{r}}}{\partial r} \tag{3-18}$$

$$\sigma_{\theta\theta} = \lambda \left(\frac{\partial u_{\mathrm{r}}}{\partial r} + \frac{u_{\mathrm{r}}}{r} + \frac{1}{r} \frac{\partial u_{\theta}}{\partial \theta} + \frac{\partial u_{\mathrm{z}}}{\partial z} \right) + 2\mu \left(\frac{u_{\mathrm{r}}}{r} + \frac{1}{r} \frac{\partial u_{\theta}}{\partial \theta} \right) \tag{3-19}$$

$$\sigma_{\mathrm{zz}} = \lambda \left(\frac{\partial u_{\mathrm{r}}}{\partial r} + \frac{u_{\mathrm{r}}}{r} + \frac{1}{r} \frac{\partial u_{\theta}}{\partial \theta} + \frac{\partial u_{\mathrm{z}}}{\partial z} \right) + 2\mu \frac{\partial u_{\mathrm{z}}}{\partial z} \tag{3-20}$$

$$\sigma_{\mathrm{r}\theta} = \mu \left(\frac{\partial u_{\theta}}{\partial r} - \frac{u_{\theta}}{r} + \frac{1}{r} \frac{\partial u_{\mathrm{r}}}{\partial \theta} \right) \tag{3-21}$$

$$\sigma_{\theta z} = \mu \left(\frac{1}{r} \frac{\partial u_z}{\partial \theta} + \frac{\partial u_\theta}{\partial z} \right) \tag{3-22}$$

$$\sigma_{rz} = \mu \left(\frac{\partial u_r}{\partial z} + \frac{\partial u_z}{\partial r} \right) \tag{3-23}$$

纵向导波为轴对称的波形，且只有径向位移分量 u_r 和轴向位移分量 u_z，即

$$u_r = u_r(r,z,t) \, , \ u_z = u_z(r,z,t) \tag{3-24}$$

$$u_\theta = \frac{\partial}{\partial \theta} = 0 \tag{3-25}$$

此时柱坐标系下的 Laplace 算子表示为

$$\nabla^2 = \frac{\partial^2}{\partial r^2} + \frac{1}{r} \frac{\partial}{\partial r} + \frac{\partial^2}{\partial z^2} \tag{3-26}$$

利用式（3-9）~ 式（3-11）、式（3-24）及式（3-25），可得纵向导波在自由空心圆柱体结构中的位移分量的表达式为

$$u_r = \frac{\partial \phi}{\partial r} - \frac{\partial \psi_\theta}{\partial z} \tag{3-27}$$

$$u_z = \frac{\partial \phi}{\partial z} + \frac{1}{r} \frac{\partial}{\partial r} (r\psi_\theta) = \frac{\partial \phi}{\partial z} + \frac{1}{r} \psi_\theta + \frac{\partial \psi_\theta}{\partial r} \tag{3-28}$$

由式（3-27）及式（3-28）可知，纵向导波的运动可以由标量势 ϕ 和矢量势 $\boldsymbol{\Psi}$ 的周向分量 ψ_θ 表示，而矢量势 $\boldsymbol{\Psi}$ 的轴向分量 ψ_z 和径向分量 ψ_r 为零。

在柱坐标系下，假设纵向导波以简谐波的形式在自由空心圆柱体结构中沿 z 轴传播，因此亥姆霍茨（Helmholtz）偏微分方程，即式（3-12）和式（3-13）的解的一般形式可以表示为

$$\phi = f(r) \, \mathrm{e}^{i(kz - \omega t)} \tag{3-29}$$

$$\psi_\theta = h_\theta(r) \, \mathrm{e}^{i(kz - \omega t)} \tag{3-30}$$

式中，k 为行波方向的波数；ω 为波的圆频率。

分别将式（3-29）和式（3-30）代入式（3-12）和式（3-13），得到两个常微分方程

$$\frac{\mathrm{d}^2 f(r)}{\mathrm{d}r^2} + \frac{1}{r} \frac{\mathrm{d}f(r)}{\mathrm{d}r} + \left(\frac{\omega^2}{c_p^2} - k^2 \right) f(r) = 0 \tag{3-31}$$

$$\frac{\mathrm{d}^2 h_\theta(r)}{\mathrm{d}r^2} + \frac{1}{r} \frac{\mathrm{d}h_\theta(r)}{\mathrm{d}r} + \left(\frac{\omega^2}{c_s^2} - k^2 \right) h_\theta(r) = 0 \tag{3-32}$$

式中，c_p 和 c_s 分别为自由空心圆柱体结构的纵波和横波波速。

假定

$$\alpha^2 = \frac{\omega^2}{c_p^2} - k^2 \tag{3-33}$$

$$\beta^2 = \frac{\omega^2}{c_s^2} - k^2 \tag{3-34}$$

式（3-31）和式（3-32）是典型的 Bessel 方程，相应的解为

$$f(r) = AJ_0(\alpha r) + CY_0(\alpha r) \tag{3-35}$$

$$h_\theta(r) = BJ_1(\beta r) + DY_1(\beta r) \tag{3-36}$$

式中，A 和 B 分别代表向外传播纵波和横波的幅值；C 和 D 分别代表向内传播纵波和横波的幅值，它们均为待定常数；$J_0(x)$ 和 $J_1(x)$ 分别为零阶和一阶的第一类 Bessel 函数；$Y_0(x)$ 和 $Y_1(x)$ 分别为零阶和一阶的第二类 Bessel 函数。

将式（3-35）和式（3-36）分别代入式（3-29）和式（3-30）中得

$$\phi = [AJ_0(\alpha r) + CY_0(\alpha r)] e^{i(kz - \omega t)} \tag{3-37}$$

$$\psi_\theta = [BJ_1(\beta r) + DY_1(\beta r)] e^{i(kz - \omega t)} \tag{3-38}$$

将式（3-37）和式（3-38）代入式（3-27）和式（3-28）得出纵向导波在自由空心圆柱体结构中的径向和轴向位移的表达式为：

$$u_r = -[\alpha J_1(\alpha r)A + \alpha Y_1(\alpha r)C + ikJ_1(\beta r)B + ikY_1(\beta r)D]e^{i(kz - \omega t)} \tag{3-39}$$

$$u_z = [ikJ_0(\alpha r)A + ikY_0(\alpha r)C + \beta J_0(\beta r)B + \beta Y_0(\beta r)D]e^{i(kz - \omega t)} \tag{3-40}$$

将式（3-39）、式（3-40）及式（3-25）代入式（3-18）~式（3-23），得到纵向导波在自由空心圆柱体结构中的应力分别为：

$$\sigma_{rr} = \left\{ \left[-(\lambda k^2 + \lambda \alpha^2 + 2\mu\alpha^2)J_0(\alpha r) + \frac{2\mu\alpha J_1(\alpha r)}{r} \right]A + \left[-(\lambda k^2 + \lambda \alpha^2 + \right. \right.$$
$$2\mu\alpha^2)Y_0(\alpha r) + \frac{2\mu\alpha Y_1(\alpha r)}{r} \right]C + \left[-2\mu ik\beta J_0(\beta r) + \frac{2\mu ikJ_1(\beta r)}{r} \right]B +$$
$$\left[-2\mu ik\beta Y_0(\beta r) + \frac{2\mu ikY_1(\beta r)}{r} \right]D \right\} e^{i(kz - \omega t)} \tag{3-41}$$

$$\sigma_{\theta\theta} = \left\{ \left[-(\lambda k^2 + \lambda \alpha^2)J_0(\alpha r) - \frac{2\mu\alpha J_1(\alpha r)}{r} \right]A + \left[-(\lambda k^2 + \lambda \alpha^2)Y_0(\alpha r) - \right. \right.$$
$$\frac{2\mu\alpha Y_1(\alpha r)}{r} \right]C - \frac{2\mu ikJ_1(\beta r)}{r}B - \frac{2\mu ikY_1(\beta r)}{r}D \right\} e^{i(kz - \omega t)} \tag{3-42}$$

$$\sigma_{zz} = \{ [-(\lambda k^2 + \lambda \alpha^2)J_0(\alpha r) - 2\mu k^2 J_0(\alpha r)]A + [-(\lambda k^2 + \lambda \alpha^2)Y_0(\alpha r) -$$
$$2\mu k^2 Y_0(\alpha r)]C + 2\mu ik\beta J_0(\beta r)B + 2\mu ik\beta Y_0(\beta r)D \} e^{i(kz - \omega t)} \tag{3-43}$$

$$\sigma_{r\theta} = 0 \tag{3-44}$$

$$\sigma_{\theta z} = 0 \tag{3-45}$$

$$\sigma_{rz} = \mu \{ [-2ik\alpha J_1(\alpha r)]A + [-2ik\alpha Y_1(\alpha r)]C + [(k^2 - \beta^2)J_1(\beta r)]B +$$
$$[(k^2 - \beta^2)Y_1(\beta r)]D \} e^{i(kz - \omega t)} \tag{3-46}$$

式中，λ 和 μ 分别为自由空心圆柱体结构的拉梅（Lamé）常数。

问题的边界条件为在自由空心圆柱体结构的表面处

$$\sigma_{rr} = \sigma_{rz} = 0 \quad (r = r_1, r_2) \tag{3-47}$$

将边界条件式（3-47）代入式（3-41）和式（3-46），产生一组特征方程，方程的矩阵形式为

$$[M_{ij}] \cdot [N] = 0 \quad (i, j = 1, 2, 3, 4) \tag{3-48}$$

其中 $N = [A \quad C \quad B \quad D]^{\mathrm{T}}$，$[M_{ij}]$ 为 4×4 的系数矩阵。为使式（3-48）有非零解，其系数行列式必须为零，即：

$$|M_{ij}| = 0 \tag{3-49}$$

式（3-49）即为自由空心圆柱体结构中纵向导波的频散方程。式中的系数为

$$M_{11} = -(\lambda k^2 + \lambda \alpha^2 + 2\mu \alpha^2) J_0(\alpha r_1) + \frac{2\mu \alpha J_1(\alpha r_1)}{r_1}$$

$$M_{12} = -(\lambda k^2 + \lambda \alpha^2 + 2\mu \alpha^2) Y_0(\alpha r_1) + \frac{2\mu \alpha Y_1(\alpha r_1)}{r_1}$$

$$M_{13} = -2\mu ik\beta J_0(\beta r_1) + \frac{2\mu ik J_1(\beta r_1)}{r_1}$$

$$M_{14} = -2\mu ik\beta Y_0(\beta r_1) + \frac{2\mu ik Y_1(\beta r_1)}{r_1}$$

$$M_{21} = -2i\mu k\alpha J_1(\alpha r_1)$$

$$M_{22} = -2i\mu k\alpha Y_1(\alpha r_1)$$

$$M_{23} = \mu(k^2 - \beta^2) J_1(\beta r_1)$$

$$M_{24} = \mu(k^2 - \beta^2) Y_1(\beta r_1)$$

将 $M_{11} \sim M_{24}$ 中的 r_1 更换为 r_2，就能够得到 $M_{31} \sim M_{44}$ 的值。

3.1.2　频散曲线的求解

理论计算中使用的自由空心圆柱体结构是金属管，其材料属性见表 3-1。金属管的内径为 $\phi30\text{mm}$，外径为 $\phi38\text{mm}$，即金属管的壁厚为 4mm。

表 3-1　金属管的材料属性

材　料	弹性模量 E /GPa	密度 ρ /kg·m^{-3}	泊松比 ν	纵波衰减系数 /Np·wl^{-1}	横波衰减系数 /Np·wl^{-1}
金属管	210	7850	0.3	0.003	0.008

图 3-2 和图 3-3 分别为金属管中纵向导波的相速度和群速度频散曲线。

从图 3-2 和图 3-3 可以看出，500kHz 频率范围内，金属管中存在两个纵向模

态导波，并且每个模态的相速度和群速度随着频率的变化而不同，说明这几个模态的导波是频散的；L(0,1) 模态导波不存在截止频率，L(0,2) 模态的截止频率约为 52kHz。

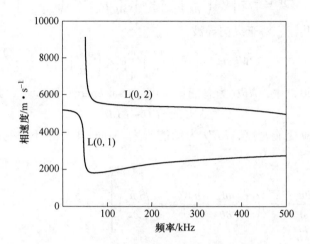

图 3-2　金属管中纵向导波的相速度频散曲线

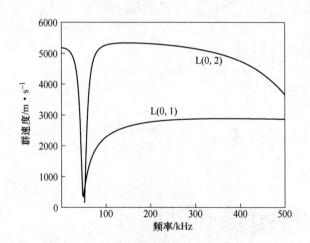

图 3-3　金属管中纵向导波的群速度频散曲线

在实际工程中，因波导本身的材料性质，导波在波导中传播时存在衰减现象。此时，导波在波导中以能量速度 c_e 传播，而非群速度 c_{gr}。

能量速度的表达式如下[10]：

$$c_e = \frac{\iint_S\int_T (PWRz)\,\mathrm{d}T\mathrm{d}S}{\iint_S\int_T (NRG)\,\mathrm{d}T\mathrm{d}S} \tag{3-50}$$

式中，S 为波导的横截面积；T 为波的时间周期。$PWRz$ 为轴向能流密度，其为坡印庭矢量（poynting vector）。

$$PWRz = -\left[\sigma_{rz}\left(\frac{\partial u_r}{\partial t}\right)^* + \sigma_{\theta z}\left(\frac{\partial u_\theta}{\partial t}\right)^* + \sigma_{zz}\left(\frac{\partial u_z}{\partial t}\right)^* \right] \tag{3-51}$$

式中，* 为复共轭。对于纵向导波

$$PWRz = -\left[\sigma_{rz}\left(\frac{\partial u_r}{\partial t}\right)^* + \sigma_{zz}\left(\frac{\partial u_z}{\partial t}\right)^* \right] \tag{3-52}$$

在式（3-50）中，NRG 为总能量密度（total energy density），其表达式为[11]

$$NRG = SED + KED \tag{3-53}$$

式中，SED 为应变能密度；KED 为动能密度。在柱坐标系下，它们的表达式分别为

$$SED = \frac{1}{2}\left[\sigma_{rr}\frac{\frac{\partial}{\partial u_r}}{\frac{\partial}{\partial r}} + \sigma_{\theta\theta}\left(\frac{1}{r}\frac{\partial u_\theta}{\partial \theta} + \frac{u_r}{r}\right) + \sigma_{zz}\left(\frac{\partial u_z}{\partial z}\right) \right] +$$

$$\frac{1}{4}\left[\sigma_{rz}\left(\frac{\partial u_r}{\partial z} + \frac{\partial u_z}{r}\right) + \sigma_{r\theta}\left(r\frac{\partial}{\partial r}\frac{u_\theta}{r} + \frac{1}{r}\frac{\partial u_r}{\partial \theta}\right) + \sigma_{\theta z}\left(\frac{\frac{\partial}{\partial u_\theta}}{\frac{\partial}{\partial z}} + \frac{1}{r}\frac{\frac{\partial}{\partial u_z}}{\frac{\partial}{\partial u_\theta}}\right) \right] \tag{3-54}$$

$$KED = \frac{\rho}{2}\left[\left(\frac{\partial u_r}{\partial t}\right)^2 + \left(\frac{\partial u_\theta}{\partial t}\right)^2 + \left(\frac{\partial u_z}{\partial t}\right)^2 \right] \tag{3-55}$$

对于纵向导波

$$SED = \frac{1}{2}\left[\sigma_{rr}\frac{\frac{\partial}{\partial u_r}}{\frac{\partial}{\partial r}} + \sigma_{\theta\theta}\frac{u_r}{r} + \sigma_{zz}\left(\frac{\partial u_z}{\partial z}\right) \right] + \frac{1}{4}\sigma_{rz}\left(\frac{\partial u_r}{\partial z} + \frac{\partial u_z}{r}\right)$$

$$\tag{3-56}$$

$$KED = \frac{\rho}{2}\left[\left(\frac{\partial u_r}{\partial t}\right)^2 + \left(\frac{\partial u_z}{\partial t}\right)^2 \right] \tag{3-57}$$

图 3-4 为金属管中纵向导波的能量速度和群速度比较图。从图 3-4 可以看出，500kHz 频率范围内，金属管中纵向导波的能量速度和群速度值差异不大，两者模态对应的频散曲线几近重合。

3.1.3　波结构分析

波的结构（wave structure），又称为波的振型（mode shape），它反映了沿着波导截面分布的波场的属性。波结构通常用位移或者应力表示。波结构其他的表示方法有应变、总能量密度、应变能密度、质点速度和功率流密度等。轴向能量

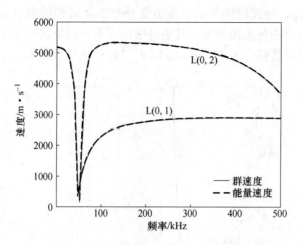

图 3-4　金属管中纵向导波的能量速度和群速度比较

流代表沿轴向传播的导波流经波导截面的能量率大小[12]。本书结合位移和轴向能量流对波结构进行分析。

轴向能量流 *Pmz* 的表达式为：

$$Pmz = \int_S (PWRz)\,\mathrm{d}S \tag{3-58}$$

图 3-5 为金属管中 49kHz 的 L(0，1) 模态的波结构。

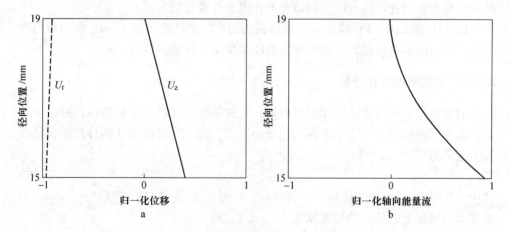

图 3-5　金属管中 49kHz 的 L(0，1) 模态的波结构
a—位移分布；b—轴向能量流分布

由图 3-5a 可知，49kHz 的 L(0，1) 模态在金属管截面的径向位移分布均匀且占主导，而轴向位移较小，并随着径向位置的增大而减小，其值在金属管的外表面减小至零。表明 49kHz 的 L(0，1) 模态无法检测金属管外表面的缺陷。从

图 3-5b 也能看出，导波的轴向功率流主要分布于金属管的内表面及管壁中心之间，其值在金属管的外表面为零，代表外表面没有导波能量传播。

图 3-6 为金属管锚杆中 121kHz 的 L(0，2) 模态的波结构。

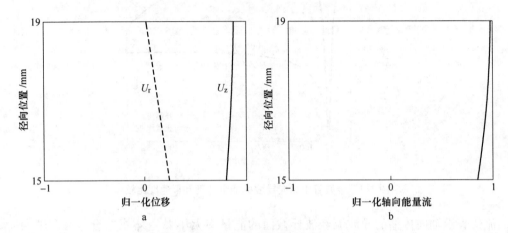

图 3-6　金属管中 121kHz 的 L(0，2) 模态的波结构
a—位移分布；b—轴向能量流分布

由图 3-6a 可知，121kHz 的 L(0，2) 模态的轴向位移在锚杆的截面分布较为均匀，即它对锚杆整个截面上的缺陷检测较为敏感；121kHz 的 L(0，2) 模态的径向位移在金属管的内表面达到最大值，而在外表面则为零。

121kHz 的 L(0，1) 模态在金属管截面的轴向能量流（图 3-6b）分布较为均匀，且轴向能量流值较大，说明导波的能量集中于杆轴向传播。

3.1.4　波的衰减特性分析

引起波导中导波衰减的原因有两种：一种是波导材料的衰减特性；另一个种是导波在传播过程中，能量泄露到包裹介质里。为了同时描述这两种衰减，将波数 k 定义为[13]

$$k = k_{Re} + ik_{Im} \qquad (3-59)$$

式中，实部 k_{Re} 代表导波传播方向的波数；虚部 k_{Im} 代表导波的衰减值，dB/m。考虑衰减的情况下，导波的相速度为：

$$c_{ph} = \frac{\omega}{k_{Re}} \qquad (3-60)$$

当导波不存在衰减现象时，$k = k_{Re}$。体波在锚杆中的衰减系数 η 为[14]

$$\eta = 2\pi \frac{|k_{Im}|}{|k_{Re}|} \qquad (3-61)$$

式中，η 的单位为 Nepers/wavelength（Np/wl），1Np = 8.686dB。

金属管中纵向导波的衰减频散曲线如图3-7所示。图3-7中，500kHz范围内，随着频率的增大，L(0，1) 模态导波的衰减值逐渐增大，并在48kHz达到最大值，然后减小再增大；L(0，2) 模态导波的衰减值则随着频率的增大，先减小再增大。

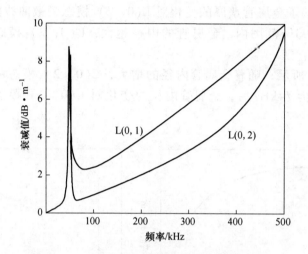

图3-7 金属管中纵向导波的衰减频散曲线

3.1.5 参数变化对频散曲线的影响

3.1.5.1 金属管内径的变化

图3-8反映了金属管内径的变化对 L(0，1) 模态频散曲线的影响。随着金

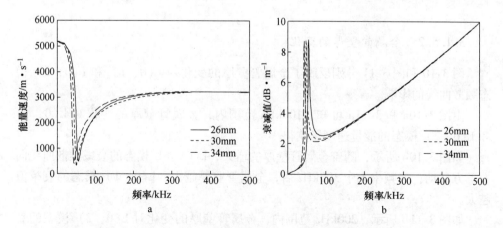

图3-8 金属管内径的变化对 L(0，1) 模态频散曲线的影响

a—能量速度；b—衰减

属管内径的增大, L(0, 1) 模态能量速度的最小值对应频率点向左移动 (图 3-8a), 而 L(0, 1) 模态的衰减最大值对应频率点也具有相似的变化趋势 (图 3-8b); 当频率大于 300kHz 后, 金属管内径的变化对 L(0, 1) 模态的能量速度和衰减值影响很小。

图 3-9 反映了金属管壁厚的变化对 L(0, 2) 模态频散曲线的影响。由图 3-9a 可知, 110kHz 范围内, 金属管的内径越大, L(0, 2) 模态的能量速度越大。

如图 3-9b 所示, 随着金属管内径的增大, L(0, 2) 模态的衰减频散曲线向左移动, 但 74kHz 后, 金属管内径的变化对 L(0, 2) 模态的衰减值影响非常小。

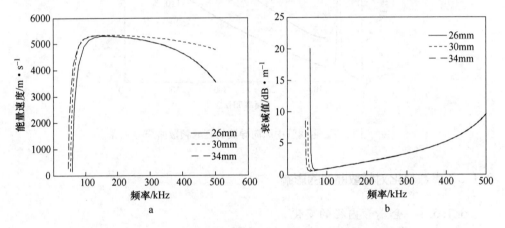

图 3-9　金属管内径的变化对 L(0, 2) 模态频散曲线的影响
a—能量速度; b—衰减

3.1.5.2　金属管壁厚的变化

图 3-10 和图 3-11 分别反映了金属管壁厚的变化对 L(0, 1) 和 L(0, 2) 模态频散曲线的影响。

由图 3-10a 和 3-11a 可知, 100kHz 范围内, 金属管壁厚的变化对 L(0, 1) 和 L(0, 2) 模态的能量速度影响很小。

如图 3-10b 所示, 随着金属管壁厚的增大, L(0, 1) 模态的衰减频散曲线向左下方移动; 当频率大于 300kHz 后, 金属管壁厚越大, L(0, 1) 模态的衰减值越大。

如图 3-11b 所示, 200kHz 范围内, 金属管壁厚的变化对 L(0, 2) 模态的衰减值影响很小; 频率大于 200kHz 后, 随着金属管壁厚增大, L(0, 2) 模态的衰减值也增大。

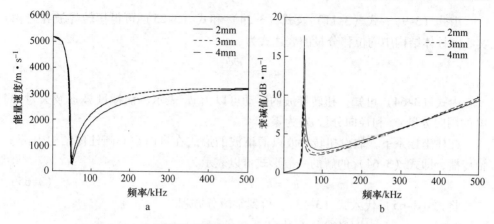

图 3-10 金属管壁厚的变化对 L(0，1) 模态频散曲线的影响

a—能量速度；b—衰减

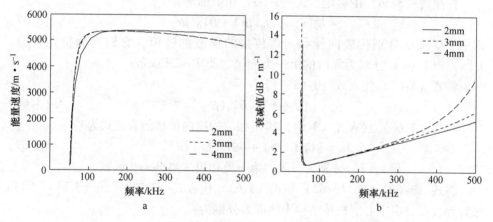

图 3-11 金属管壁厚的变化对 L(0，2) 模态频散曲线的影响

a—能量速度；b—衰减

3.2 自由空心圆柱体结构中的扭转导波理论

本节主要讨论扭转导波在自由空心圆柱体中的传播特性，为后面研究扭转导波在多层空心圆柱体结构中的传播奠定了基础。

3.2.1 频散方程的建立

扭转导波为轴对称的波形，且只有周向位移分量 u_θ，即

$$u_r = u_z = 0, \quad u_\theta = u_\theta(r, z, t) \tag{3-62}$$

$$u_\theta = \frac{\partial}{\partial \theta} = 0 \tag{3-63}$$

由式（3-9）~式（3-11）及式（3-24）和式（3-25）可得扭转导波在自由实心圆柱体结构中的位移分量的表达式为

$$u_\theta = -\frac{\partial \psi_z}{\partial r} \tag{3-64}$$

由式（3-64）可知，扭转导波的运动可以由 ψ_z 表示，而标量势 ϕ 及矢量势 $\boldsymbol{\Psi}$ 的周向分量 ψ_θ 和径向分量 ψ_r 为零。

在柱坐标系下，假设扭转导波以简谐波的形式在自由空心圆柱体结构中沿 z 轴传播，即式（3-64）的解的一般形式可以表示为

$$\psi_z = h_z(r) \mathrm{e}^{i(kz-\omega t)} \tag{3-65}$$

将式（3-65）代入式（3-13），得到常微分方程

$$\frac{\mathrm{d}^2 h_z(r)}{\mathrm{d}r^2} + \frac{1}{r}\frac{\mathrm{d}h_z(r)}{\mathrm{d}r} + \left(\frac{\omega^2}{c_s^2} - k^2\right) h_z(r) = 0 \tag{3-66}$$

按照式（3-34）的假定，式（3-66）相应的解为

$$h_z(r) = C J_0(\beta r) + D Y_0(\beta r) \tag{3-67}$$

式中，C 和 D 分别代表向外和向内传播的横波的幅值，它们均为待定常数。$J_0(x)$ 和 $Y_0(x)$ 分别为零阶的第一类和第二类 Bessel 函数。

将式（3-67）代入式（3-65）得

$$\psi_z = [C J_0(\beta r) + D Y_0(\beta r)] \mathrm{e}^{i(kz-\omega t)} \tag{3-68}$$

将式（3-68）代入式（3-64）得出相应的周向位移的表达式为

$$u_\theta = [C\beta J_1(\beta r) + D\beta Y_1(\beta r)] \mathrm{e}^{i(kz-\omega t)} \tag{3-69}$$

式中，$J_1(x)$ 和 $Y_1(x)$ 分别为一阶的第一类和第二类 Bessel 函数。

将式（3-69）、式（3-62）和式（3-63）代入式（3-18）~式（3-23），得到扭转导波在自由空心圆柱体结构中的应力分别为：

$$\sigma_{rr} = 0 \tag{3-70}$$

$$\sigma_{\theta\theta} = 0 \tag{3-71}$$

$$\sigma_{zz} = 0 \tag{3-72}$$

$$\sigma_{r\theta} = \mu\left\{\left[\beta^2 J_0(\beta r) - \frac{\beta J_1(\beta r)}{r}\right]C + \left[\beta^2 Y_0(\beta r) - \frac{\beta Y_1(\beta r)}{r}\right]D\right\}\mathrm{e}^{i(kz-\omega t)} \tag{3-73}$$

$$\sigma_{\theta z} = ik\mu[C\beta J_1(\beta r) + D\beta Y_1(\beta r)]\mathrm{e}^{i(kz-\omega t)} \tag{3-74}$$

$$\sigma_{rz} = 0 \tag{3-75}$$

式中，μ 为自由空心圆柱体结构的拉梅（Lamé）常数。

问题的边界条件为在自由空心圆柱体结构的表面处

$$\sigma_{r\theta} = 0 \quad (r = r_1, r_2) \tag{3-76}$$

将边界条件式（3-76）代入式（3-73），产生一组特征方程，方程的矩阵形式为

$$[M_{ij}] \cdot [N] = 0 \quad (i, j = 1, 2) \tag{3-77}$$

式中，$N = \begin{bmatrix} C & D \end{bmatrix}^{\mathrm{T}}$，$\begin{bmatrix} M_{ij} \end{bmatrix}$ 为 2×2 的系数矩阵。为使式（3-77）有非零解，其系数行列式必须为零，即：

$$|M_{ij}| = 0 \qquad (3\text{-}78)$$

式（3-78）即为自由空心圆柱体结构中扭转导波的频散方程。式中的系数为

$$M_{11} = \mu \left[\beta^2 J_0(\beta r_1) - \frac{\beta J_1(\beta r_1)}{r_1} \right]$$

$$M_{12} = \mu \left[\beta^2 Y_0(\beta r_1) - \frac{\beta Y_1(\beta r_1)}{r_1} \right]$$

将 $M_{11} \sim M_{12}$ 中的 r_1 更换为 r_2，就能够得到 $M_{21} \sim M_{22}$ 的值。

3.2.2 频散曲线的求解

图 3-12 和图 3-13 分别为理论计算得到的金属管中扭转导波的相速度和群速度频散曲线。

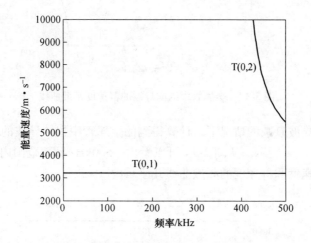

图 3-12　金属管中扭转导波的相速度频散曲线

从图 3-12 和图 3-13 可以看出，500kHz 频率范围内金属管中存在两个扭转向模态导波 T（0，1）和 T（0，2）；T（0，1）模态的相速度和群速度恒定，说明它是非频散的导波模态，其值为金属管中的横波波速；T（0，2）模态的相速度和群速度随着频率的变化而不同，说明它是频散的，其截止频率约为 405kHz。

扭转导波在波导中传播时，轴向能流密度的表达式为

$$PWRz = -\sigma_{\theta z} \left(\frac{\partial u_\theta}{\partial t} \right)^* \qquad (3\text{-}79)$$

应变能密度和动能密度的表达式分别为

$$SED = \frac{1}{4}\left[\sigma_{r\theta}\left(r\frac{\partial}{\partial r}\frac{u_\theta}{r}\right) + \sigma_{\theta z}\left(\frac{\frac{\partial}{\partial u_\theta}}{\frac{\partial}{\partial z}}\right)\right] \quad (3\text{-}80)$$

$$KED = \frac{\rho}{2}\left(\frac{\partial u_\theta}{\partial t}\right)^2 \quad (3\text{-}81)$$

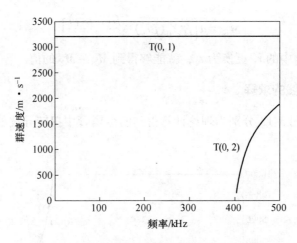

图 3-13 金属管中纵向导波的群速度频散曲线

考虑扭转导波衰减的情况下，计算得到的金属管中扭转导波的能量速度和群速度比较如图 3-14 所示。从图 3-14 可以看出，500kHz 频率范围内，金属管中扭转导波的能量速度和群速度的频散曲线几乎重叠。

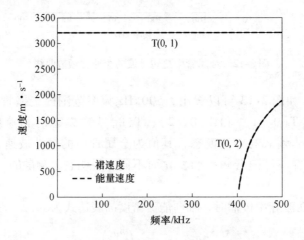

图 3-14 自由圆钢锚杆中扭转导波的能量速度和群速度比较

3.2.3 波结构分析

图 3-15 为金属管中 450kHz 的 T(0，1) 模态的波结构。

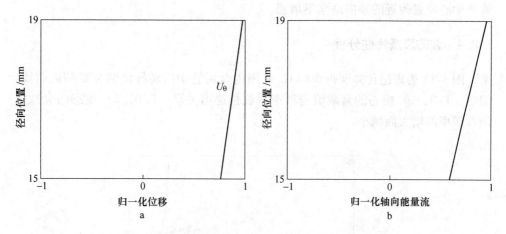

图 3-15　金属管中 450kHz 的 T(0，1) 模态的波结构
a—位移分布；b—轴向能量流分布

由图 3-15a 可知，450kHz 的 T(0，1) 模态在金属管截面的周向位移随着径向位置线性递增，并在整个金属管截面具有较大的周向位移值。450kHz 的 T(0，1)模态在金属管截面轴向能量流分布亦具有近似特征。说明 450kHz 的 T(0，1) 模态适合于检测整个金属管的轴向缺陷。

图 3-16 为金属管中 450kHz 的 T(0，2) 模态的波结构。450kHz 的 T(0，2)模态在金属管中的位移分布（图 3-16a）与 450kHz 的 T(0，1) 模态的结果（图

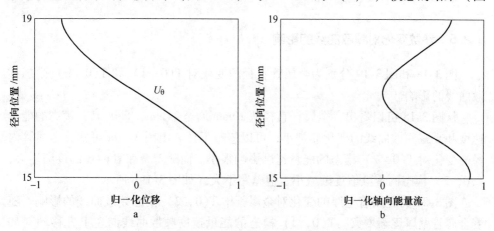

图 3-16　金属管中 450kHz 的 T(0，2) 模态的波结构
a—位移分布；b—轴向能量流分布

3-15a）差异较大。随着径向位置逐渐增大，450kHz 的 T（0，2）模态的周向位移先减小然后再增大，在 17mm 的径向位置处，周向位移为零，图 3-16b 中则体现在 17mm 径向位置处轴向能量流为零。说明 450kHz 的 T（0，2）模态对金属管管壁中心位置附近的轴向缺陷不敏感。

3.2.4　波的衰减特性分析

图 3-17 为理论计算所得 500kHz 范围内金属管中扭转导波的衰减频散曲线。图中，T（0，1）模态的衰减值与频率呈线性递增关系。T（0，2）模态的衰减值随着频率的增大而减小。

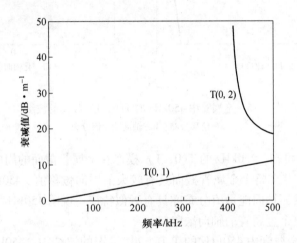

图 3-17　金属管中扭转向导波的衰减频散曲线

3.2.5　参数变化对频散曲线的影响

图 3-18 和图 3-19 分别为金属管直径的变化对 T（0，1）和 T（0，2）模态频散曲线的影响。

从图 3-18 可以看出，金属杆直径从 20mm 增至 24mm，T（0，1）模态的能量速度和衰减频散曲线的变化非常小，可以忽略不计。由图 3-19a 可知，金属管内径的变化对 T（0，2）模态的能量速度影响很小。而随着金属管内径的逐渐增大，T（0，2）模态的衰减值逐渐减小，但差距不大（如图 3-19b 所示）。

图 3-20 为金属管壁厚的变化对金属管中 T（0，2）模态频散曲线的影响。随着金属管壁厚逐渐增大，T（0，2）模态的能量速度频散曲线向左上方移动（如图 3-20a 所示），而 T（0，2）模态的衰减频散曲线则向左下方移动（如图 3-20b 所示）。

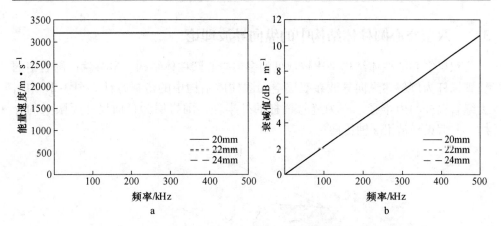

图 3-18 金属管内径的变化对 T(0, 1) 模态频散曲线的影响

a—能量速度；b—衰减

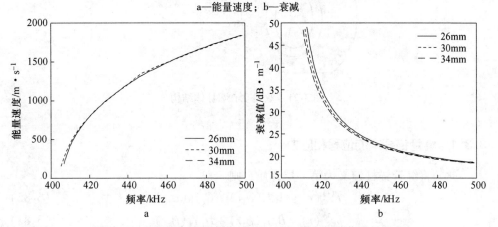

图 3-19 金属管内径的变化对 T(0, 2) 模态频散曲线的影响

a—能量速度；b—衰减

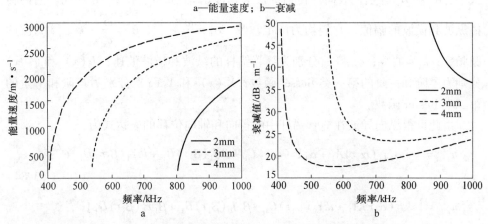

图 3-20 金属管壁厚的变化对 T(0, 2) 模态频散曲线的影响

a—能量速度；b—衰减

3.3　双层空心圆柱体结构中的纵向导波理论

　　双层空心圆柱体结构是比较常见的多层空心圆柱体结构。本节就以围岩中的缝管锚杆为例叙述纵向导波在双层空心圆柱体结构中的传播特性。图 3-21 中 r_1 为缝管锚杆的内半径，r_2 为缝管锚杆的外半径，围岩层为径向尺寸无限大的介质。并假设导波沿 z 轴传播。

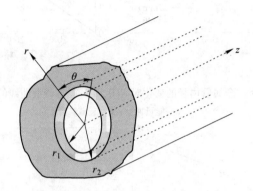

图 3-21　双层空心圆柱体结构

3.3.1　缝管锚杆中的位移和应力

　　此处将缝管锚杆定义为第一层介质，则

$$f^{(1)}(r) = A_1 J_0(\alpha_1 r) + C_1 Y_0(\alpha_1 r) \tag{3-82}$$

$$h_\theta^{(1)}(r) = B_1 J_1(\beta_1 r) + D_1 Y_1(\beta_1 r) \tag{3-83}$$

式中，A_1 和 B_1 分别代表向外传播纵波和横波的幅值；C_1 和 D_1 分别代表向内传播纵波和横波的幅值，它们均为待定常数。$\alpha_1^2 = \dfrac{\omega^2}{c_{p1}^2} - k^2$，$\beta_1^2 = \dfrac{\omega^2}{c_{s1}^2} - k^2$；$\omega$ 为波的圆频率；k 为波数；c_{p1} 和 c_{s1} 分别为缝管锚杆的纵波和横波波速；$J_0(x)$ 和 $J_1(x)$ 分别为零阶和一阶的第一类 Bessel 函数；$Y_0(x)$ 和 $Y_1(x)$ 分别为零阶和一阶的第二类 Bessel 函数。

　　由此可得纵向导波在缝管锚杆中的径向和轴向位移的表达式为

$$u_r^{(1)} = -\left[\alpha_1 J_1(\alpha_1 r) A_1 + \alpha_1 Y_1(\alpha_1 r) C_1 + ik J_1(\beta_1 r) B_1 + ik Y_1(\beta_1 r) D_1 \right] e^{i(kz - \omega t)} \tag{3-84}$$

$$u_z^{(1)} = \left[ik J_0(\alpha_1 r) A_1 + ik Y_0(\alpha_1 r) C_1 + \beta_1 J_0(\beta_1 r) B_1 + \beta_1 Y_0(\beta_1 r) D_1 \right] e^{i(kz - \omega t)} \tag{3-85}$$

　　并可以得到纵向导波在缝管锚杆中的应力分别为：

$$\sigma_{rr}^{(1)} = \left\{ \left[-(\lambda_1 k^2 + \lambda_1 \alpha_1^2 + 2\mu_1 \alpha_1^2) J_0(\alpha_1 r) + \frac{2\mu_1 \alpha_1 J_1(\alpha_1 r)}{r} \right] A_1 + \left[-(\lambda_1 k^2 + \right.\right.$$
$$\left. \lambda_1 \alpha_1^2 + 2\mu_1 \alpha_1^2) Y_0(\alpha_1 r) + \frac{2\mu_1 \alpha_1 Y_1(\alpha_1 r)}{r} \right] C_1 + \left[-2\mu_1 ik\beta_1 J_0(\beta_1 r) + \right.$$
$$\left. \frac{2\mu_1 ik J_1(\beta_1 r)}{r} \right] B_1 + \left[-2\mu_1 ik\beta_1 Y_0(\beta_1 r) + \frac{2\mu_1 ik Y_1(\beta_1 r)}{r} \right] D_1 \right\} e^{i(kz-\omega t)}$$

$$\tag{3-86}$$

$$\sigma_{\theta\theta}^{(1)} = \left\{ \left[-(\lambda_1 k^2 + \lambda_1 \alpha_2^2) J_0(\alpha_1 r) - \frac{2\mu_1 \alpha_1 J_1(\alpha_1 r)}{r} \right] A_1 + \left[-(\lambda_1 k^2 + \right.\right.$$
$$\left. \lambda_1 \alpha_1^2) Y_0(\alpha_1 r) - \frac{2\mu_1 \alpha_1 Y_1(\alpha_1 r)}{r} \right] C_1 - \frac{2\mu_1 ik J_1(\beta_1 r)}{r} B_1 -$$
$$\left. \frac{2\mu_1 ik Y_1(\beta_1 r)}{r} D_1 \right\} e^{i(kz-\omega t)}$$

$$\tag{3-87}$$

$$\sigma_{zz}^{(1)} = \left\{ \left[-(\lambda_1 k^2 + \lambda_1 \alpha_1^2) J_0(\alpha_1 r) - 2\mu_1 k^2 J_0(\alpha_1 r) \right] A_1 + \left[-(\lambda_1 k^2 + \right.\right.$$
$$\left. \lambda_1 \alpha_1^2) Y_0(\alpha_1 r) - 2\mu_1 k^2 Y_0(\alpha_1 r) \right] C_1 + 2\mu_1 ik\beta_1 J_0(\beta_1 r) B_1 +$$
$$2\mu_1 ik\beta_1 Y_0(\beta_1 r) D_1 \right\} e^{i(kz-\omega t)}$$

$$\tag{3-88}$$

$$\sigma_{r\theta}^{(1)} = 0 \tag{3-89}$$

$$\sigma_{\theta z}^{(1)} = 0 \tag{3-90}$$

$$\sigma_{rz}^{(1)} = \mu_1 \left\{ \left[-2ik\alpha_1 J_1(\alpha_1 r) \right] A_1 + \left[-2ik\alpha_1 Y_1(\alpha_1 r) \right] C_1 + \left[(k^2 - \beta_1^2) J_1(\beta_1 r) \right] B_1 + \left[(k^2 - \beta_1^2) Y_1(\beta_1 r) \right] D_1 \right\} e^{i(kz-\omega t)}$$

$$\tag{3-91}$$

式中，λ_1 和 μ_1 分别为缝管锚杆的拉梅（Lamé）常数。

3.3.2 围岩层中的位移和应力

此处将围岩层定义为第二层介质，则

$$f^{(2)}(r) = A_2 H_0^{(2)}(\alpha_2 r) \tag{3-92}$$

$$h_\theta^{(2)}(r) = B_2 H_0^{(2)}(\beta_2 r) \tag{3-93}$$

式中，A_2 和 B_2 分别为向外传播的纵波和横波的幅值，且均为待定常数；$\alpha_2^2 = \dfrac{\omega^2}{c_{p2}^2} - k^2$；$\beta_2^2 = \dfrac{\omega^2}{c_{s2}^2} - k^2$；$\omega$ 为波的圆频率；k 为波数；c_{p2} 和 c_{s2} 分别为围岩层中的纵波和横波波速。考虑到波在围岩层中传播时，波将在无穷远处衰减，并不能反射回缝管锚杆处，所以引入第二类 Hankel 函数。$H_0^{(2)}(x)$ 和 $H_1^{(2)}(x)$ 分别为零阶和一阶的第二类 Hankel 函数。

由此可得纵向导波在围岩层中的径向和轴向位移的表达式为

$$u_r^{(2)} = \left[-\alpha_2 A_2 H_1^{(2)}(\alpha_2 r) - ikB_2 H_0^{(2)}(\beta_2 r) \right] e^{i(kz-\omega t)} \tag{3-94}$$

$$u_z^{(2)} = \left\{ ikA_2 H_0^{(2)}(\alpha_2 r) + \left[\frac{H_0^{(2)}(\beta_2 r)}{r} - \beta_2 H_1^{(2)}(\beta_2 r) \right] B_2 \right\} e^{i(kz-\omega t)} \tag{3-95}$$

并可以得到纵向导波在围岩层中的应力分别为：

$$\sigma_{rr}^{(2)} = \left\{ \left[-(\lambda_2\alpha_2^2 + \lambda_2 k^2 + 2\mu_2\alpha_2^2)H_0^{(2)}(\alpha_2 r) + \frac{\lambda_2 - \alpha_2 + 2\mu_2}{r}H_1^{(2)}(\alpha_2 r) \right] A_2 + \right.$$
$$\left. \left[2\mu_2 ik\beta_2 H_1^{(2)}(\beta_2 r) \right] B_2 \right\} e^{i(kz-\omega t)} \tag{3-96}$$

$$\sigma_{\theta\theta}^{(2)} = \left\{ \left[-(\lambda_2\alpha_2^2 + \lambda_2 k^2)H_0^{(2)}(\alpha_2 r) + \frac{\lambda_2 - \alpha_2\lambda_2 - 2\mu_2\alpha_2}{r}H_1^{(2)}(\alpha_2 r) \right] A_2 - \right.$$
$$\left. \left[\frac{2\mu_2 ik H_0^{(2)}(\beta_2 r)}{r} \right] B_2 \right\} e^{i(kz-\omega t)} \tag{3-97}$$

$$\sigma_{zz}^{(2)} = \left\{ \left[-(\lambda_2\alpha_2^2 + \lambda_2 k^2 + 2\mu_2 k^2)H_0^{(2)}(\alpha_2 r) + \frac{\lambda_2 - \lambda_2\alpha_2}{r}H_1^{(2)}(\alpha_2 r) \right] A_2 + \right.$$
$$\left. \left[\frac{2\mu_2 ik H_0^{(2)}(\beta_2 r)}{r} - 2\mu_2 ik\beta_2 H_1^{(2)}(\beta_2 r) \right] B_2 \right\} e^{i(kz-\omega t)} \tag{3-98}$$

$$\sigma_{r\theta}^{(2)} = 0 \tag{3-99}$$

$$\sigma_{\theta z}^{(2)} = 0 \tag{3-100}$$

$$\sigma_{rz}^{(2)} = \mu_2 \left\{ \left[-2ik\alpha_2 H_1^{(2)}(\alpha_2 r) \right] A_2 - \left[\frac{1 + r^2\beta_2^2 - r^2 k^2}{r^2}H_0^{(2)}(\beta_2 r) \right] B_2 \right\} e^{i(kz-\omega t)} \tag{3-101}$$

式中，λ_2 和 μ_2 分别为围岩层的拉梅（Lamé）常数。

3.3.3　频散方程的建立

问题的边界条件为：

在 $r = r_1$ 的表面上，即缝管锚杆的内表面上，

$$\sigma_{rr}^{(1)} = \sigma_{rz}^{(1)} = 0 \tag{3-102}$$

在 $r = r_2$ 的表面上，即缝管锚杆与围岩层的接触面上，

$$u_r^{(1)} = u_r^{(2)}, \ u_z^{(1)} = u_z^{(2)}, \ \sigma_{rr}^{(1)} = \sigma_{rr}^{(2)}, \ \sigma_{rz}^{(1)} = \sigma_{rz}^{(2)} \tag{3-103}$$

将式（3-84）~式（3-87）、式（3-91）、式（3-93）~式（3-96）及式（3-101）代入边界条件式（3-102）和式（3-103）中，产生一组特征方程，方

程的矩阵形式为

$$[M_{ij}] \cdot [N] = 0 \quad (i, j = 1, 2, 3, 4, 5, 6) \tag{3-104}$$

其中 $N = [A_1 \quad C_1 \quad B_1 \quad D_2 \quad A_2 \quad B_2]^T$，$[M_{ij}]$ 为 6×6 的系数矩阵。为使式（3-104）有非零解，其系数行列式必须为零，即：

$$|M_{ij}| = 0 \tag{3-105}$$

式（3-105）即为缝管锚杆中纵向导波的频散方程。式中的系数为

$$M_{11} = -(\lambda_1 k^2 + \lambda_1 \alpha_1^2 + 2\mu_1 \alpha_1^2) J_0(\alpha_1 r_1) + \frac{2\mu_1 \alpha_1 J_1(\alpha_1 r_1)}{r_1}$$

$$M_{12} = -(\lambda_1 k^2 + \lambda_1 \alpha_1^2 + 2\mu_1 \alpha_1^2) Y_0(\alpha_1 r_1) + \frac{2\mu_1 \alpha_1 Y_1(\alpha_1 r_1)}{r_1}$$

$$M_{13} = -2\mu_1 i k \beta_1 J_0(\beta_1 r_1) + \frac{2\mu_1 i k J_1(\beta_1 r_1)}{r_1}$$

$$M_{14} = -2\mu_1 i k \beta_1 Y_0(\beta_1 r_1) + \frac{2\mu_1 i k Y_1(\beta_1 r_1)}{r_1}$$

$$M_{15} = 0$$

$$M_{16} = 0$$

$$M_{21} = -2\mu_1 i k \alpha_1 J_1(\alpha_1 r_1)$$

$$M_{22} = -2\mu_1 i k \alpha_1 Y_1(\alpha_1 r_1)$$

$$M_{23} = \mu_1 [(k^2 - \beta_1^2) J_1(\beta_1 r_1)]$$

$$M_{24} = \mu_1 [(k^2 - \beta_1^2) Y_1(\beta_1 r_1)]$$

$$M_{25} = 0$$

$$M_{26} = 0$$

$$M_{31} = -\alpha_1 J_1(\alpha_1 r_2)$$

$$M_{32} = -\alpha_1 Y_1(\alpha_1 r_2)$$

$$M_{33} = -i k J_1(\beta_1 r_2)$$

$$M_{34} = -i k Y_1(\beta_1 r_2)$$

$$M_{35} = \alpha_2 H_1^{(2)}(\alpha_2 r_2)$$

$$M_{36} = i k H_0^{(2)}(\beta_2 r_2)$$

$$M_{41} = i k J_0(\alpha_1 r_2)$$

$$M_{42} = i k Y_0(\alpha_1 r_2)$$

$$M_{43} = \beta_1 J_0(\beta_1 r_2)$$

$$M_{44} = \beta_1 Y_0(\beta_1 r_2)$$

$$M_{45} = -i k A_2 H_0^{(2)}(\alpha_2 r_2)$$

$$M_{46} = -\frac{H_0^{(2)}(\beta_2 r_2)}{r_2} + \beta_2 H_1^{(2)}(\beta_2 r_2)$$

$$M_{51} = -(\lambda_1 k^2 + \lambda_1 \alpha_1^2 + 2\mu_1 \alpha_1^2) J_0(\alpha_1 r_2) + \frac{2\mu_1 \alpha_1 J_1(\alpha_1 r_2)}{r_2}$$

$$M_{52} = -(\lambda_1 k^2 + \lambda_1 \alpha_1^2 + 2\mu_1 \alpha_1^2) Y_0(\alpha_1 r_2) + \frac{2\mu_1 \alpha_1 Y_1(\alpha_1 r_2)}{r_2}$$

$$M_{53} = -2\mu_1 ik\beta_1 J_0(\beta_1 r_2) + \frac{2\mu_1 ik J_1(\beta_1 r_2)}{r_2}$$

$$M_{54} = -2\mu_1 ik\beta_1 Y_0(\beta_1 r_2) + \frac{2\mu_1 ik Y_1(\beta_1 r_2)}{r_2}$$

$$M_{55} = (\lambda_2 \alpha_2^2 + \lambda_2 k^2 + 2\mu_2 \alpha_2^2) H_0^{(2)}(\alpha_2 r_2) - \frac{\lambda_2 - \alpha_2 + 2\mu_2}{r_2} H_1^{(2)}(\alpha_2 r_2)$$

$$M_{56} = -2\mu_2 ik\beta_2 H_1^{(2)}(\beta_2 r_2)$$

$$M_{61} = -2\mu_1 ik\alpha_1 J_1(\alpha_1 r_2)$$

$$M_{62} = -2\mu_1 ik\alpha_1 Y_1(\alpha_1 r_2)$$

$$M_{63} = \mu_1 \left[(k^2 - \beta_1^2) J_1(\beta_1 r_2) \right]$$

$$M_{64} = \mu_1 \left[(k^2 - \beta_1^2) Y_1(\beta_1 r_2) \right]$$

$$M_{65} = 2\mu_2 ik\alpha_2 H_1^{(2)}(\alpha_2 r_2)$$

$$M_{66} = \mu_2 \left[\frac{1 + r^2\beta_2^2 - r_2^2 k^2}{r_2^2} H_0^{(2)}(\beta_2 r_2) \right]$$

3.3.4　频散曲线的求解

理论计算中使用的缝管锚杆的材料属性见表 3-2。缝管锚杆的内径为 ϕ30mm，外径为 ϕ38mm。

表 3-2　缝管锚杆的材料属性

材　料	弹性模量 E /GPa	密度 ρ /kg·m^{-3}	泊松比 ν	纵波衰减系数 /Np·wl^{-1}	横波衰减系数 /Np·wl^{-1}
缝管锚杆	210	7850	0.3	0.003	0.008
围岩	40	2500	0.25	0.03	0.01

图 3-22 和图 3-23 分别为理论计算得到的缝管锚杆中纵向导波的相速度和能量速度频散曲线。

由图 3-22 可知，500kHz 范围内，仅存在 L(0，1) 模态的纵向导波，且它的相速度随着频率的变化而不同，说明此模态导波是频散的。L(0，1) 模态的相速度随着频率的增大，先减小后增大，在 116kHz 处，L(0，1) 模态的相速度降到最小值。

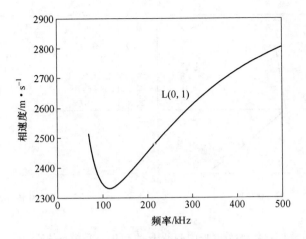

图 3-22　缝管锚杆中纵向导波的相速度频散曲线

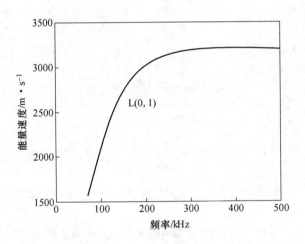

图 3-23　缝管锚杆中纵向导波的能量速度频散曲线

　　从图 3-23 可以看出，L(0，1) 模态的能量速度随着频率的增大逐渐增大，当频率达到 320kHz 时，L(0，1) 模态的能量速度趋于恒定。

3.3.5　波结构分析

　　图 3-24 和图 3-25 分别为缝管锚杆中 116kHz 和 320kHz 的 L(0，1) 模态的波结构。

　　从图 3-24a 和图 3-25a 可以看出，116kHz 和 320kHz 的 L(0，1) 模态在缝管锚杆和围岩层的接触面上径向位移值较大，说明这两个频率的导波能量泄漏较为严重；而它们在缝管锚杆管壁中的轴向位移分布较为类似，均主要分布在缝管锚

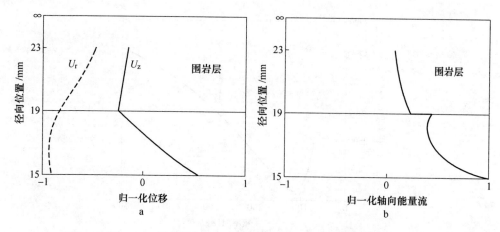

图 3-24　缝管锚杆中 116kHz 的 L(0, 1) 模态的波结构

a—位移分布；b—轴向能量流分布

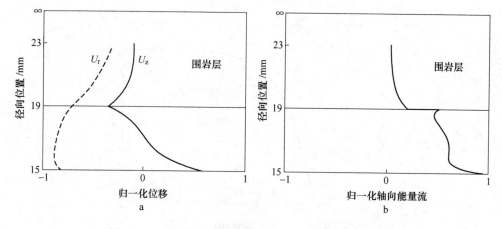

图 3-25　缝管锚杆中 320kHz 的 L(0, 1) 模态的波结构

a—位移分布；b—轴向能量流分布

杆的内表面和外表面，管壁中的轴向位移值较小。说明这两种频率的导波对缝管锚杆内外表面的周向缺陷较为敏感。从图 3-24b 和图 3-25b 也能看出，116kHz 和 320kHz 的 L(0, 1) 模态的轴向能量流主要分布缝管锚杆的内外表面，而管壁中心的轴向能量流相对较小，与前述分析结论吻合。

3.3.6　波的衰减特性分析

缝管锚杆中纵向导波的衰减频散曲线如图 3-26 所示。图中，240kHz 范围内，L(0, 1) 模态的衰减值随着频率的增大逐渐减小，但是衰减值的减小程度并不明显；而频率大于 240kHz 后，L(0, 1) 模态的衰减值迅速增大。

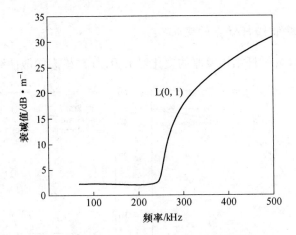

图 3-26　缝管锚杆中纵向导波的衰减频散曲线

3.3.7　参数变化对频散曲线的影响

3.3.7.1　缝管锚杆内径的变化

图 3-27 反映了缝管锚杆内径的变化对缝管锚杆中 L(0，1) 模态频散曲线的影响。

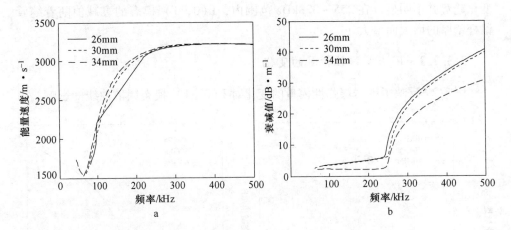

图 3-27　缝管锚杆内径的变化对 L(0，1) 模态频散曲线的影响
a—能量速度；b—衰减

图 3-27a 中，缝管锚杆内径逐步增大，L(0，1) 模态的能量速度也随之增大，而当频率大于 300kHz 后，这种能量速度的差异并不明显。

由图 3-27b 可以看出，随着缝管锚杆内径的增大，L(0，1) 模态的衰减值逐步减小。

3.3.7.2　缝管锚杆壁厚的变化

图 3-28 为缝管锚杆结构壁厚的变化对 L(0，1) 模态频散曲线的影响。

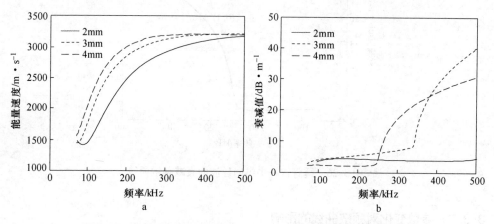

图 3-28　缝管锚杆壁厚的变化对 L(0，1) 模态频散曲线的影响

a—能量速度；b—衰减

图 3-28a 中，随着缝管锚杆壁厚的逐步增大，L(0，1) 模态的能量速度也随之增大。由图 3-28b 可知，L(0，1) 模态的衰减频散曲线随缝管锚杆壁厚增大的变化趋势并不明显，在 255～378kHz 范围内，L(0，1) 模态的衰减值随着缝管锚杆壁厚的增大而增大。

3.3.7.3　围岩层弹性模量的变化

图 3-29 反映了围岩层弹性模量的变化对 L(0，1) 模态频散曲线的影响。由

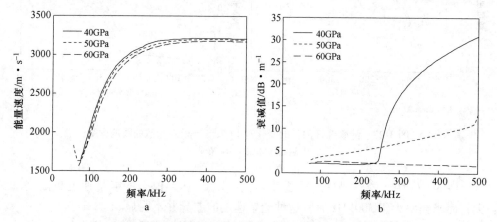

图 3-29　围岩层弹性模量的变化对 L(0，1) 模态频散曲线的影响

a—能量速度；b—衰减

图 3-29a 可知，围岩层的弹性模量越大，L（0，1）模态的能量速度越小；当频率大于 254kHz 后，随着围岩层弹性模量逐渐增大，L（0，1）模态衰减值逐渐减小。

3.4 双层空心圆柱体结构的扭转导波理论

本节以围岩中的缝管锚杆为例叙述扭转导波在双层空心圆柱体结构中的传播特性。

3.4.1 缝管锚杆中的位移和应力

此处将缝管锚杆定义为第一层介质，则

$$h_z^{(1)}(r) = C_1 J_0(\beta_1 r) + D_1 Y_0(\beta_1 r) \tag{3-106}$$

式中，C_1 和 D_1 分别代表向外和向内传播的横波的幅值，它们均为待定常数；$\beta_1^2 = \dfrac{\omega^2}{c_{s1}^2} - k^2$，$\omega$ 为波的圆频率，k 为波数，c_{s1} 为缝管锚杆中的横波波速；$J_0(x)$ 和 $Y_0(x)$ 分别为零阶的第一类和第二类 Bessel 函数。

由此可得扭转导波在缝管锚杆中的周向位移的表达式为：

$$u_\theta^{(1)} = [\, C_1\beta_1 J_1(\beta_1 r) + D_1\beta_1 Y_1(\beta_1 r)\,]\, \mathrm{e}^{i(kz-\omega t)} \tag{3-107}$$

并可以得到扭转导波在缝管锚杆中的应力分别为：

$$\sigma_{rr}^{(1)} = 0 \tag{3-108}$$

$$\sigma_{\theta\theta}^{(1)} = 0 \tag{3-109}$$

$$\sigma_{zz}^{(1)} = 0 \tag{3-110}$$

$$\sigma_{r\theta}^{(1)} = \mu_1\left\{\left[\beta_1^2 J_0(\beta_1 r) - \frac{\beta_1 J_1(\beta_1 r)}{r}\right]C_1 + \left[\beta_1^2 Y_0(\beta_1 r) - \frac{\beta_1 Y_1(\beta_1 r)}{r}\right]D_1\right\}\mathrm{e}^{i(kz-\omega t)} \tag{3-111}$$

$$\sigma_{\theta z}^{(1)} = ik\mu_1[\, C_1\beta_1 J_1(\beta_1 r) + D_1\beta_1 Y_1(\beta_1 r)\,]\, \mathrm{e}^{i(kz-\omega t)} \tag{3-112}$$

$$\sigma_{rz}^{(1)} = 0 \tag{3-113}$$

3.4.2 围岩中的位移和应力

此处将围岩层定义为第二层介质，则

$$h_z^{(2)}(r) = C_2 H_0^{(2)}(\beta_2 r) \tag{3-114}$$

式中，C_2 为向外传播的横波的幅值，它为待定常数；$\beta_2^2 = \dfrac{\omega^2}{c_{s2}^2} - k^2$，$\omega$ 为波的圆频率，k 为波数，c_{s2} 为围岩层中的横波波速；$H_0^{(2)}(x)$ 为零阶的第二类 Hankel 函数。

由此可得扭转导波在围岩层中的周向位移的表达式为：

$$u_\theta^{(2)} = C_2 \beta_2 H_1^{(2)}(\beta_2 r) e^{i(kz - \omega t)} \tag{3-115}$$

式中，$H_1^{(2)}(x)$ 为一阶的第二类 Hankel 函数。

并可以得到扭转导波在围岩层中的应力分别为：

$$\sigma_{rr}^{(2)} = 0 \tag{3-116}$$

$$\sigma_{\theta\theta}^{(2)} = 0 \tag{3-117}$$

$$\sigma_{zz}^{(2)} = 0 \tag{3-118}$$

$$\sigma_{r\theta}^{(2)} = \mu_2 C_2 \left[\beta_2^2 H_0^{(2)}(\beta_2 r) - \frac{2\beta_2 H_1^{(2)}(\beta_2 r)}{r} \right] e^{i(kz - \omega t)} \tag{3-119}$$

$$\sigma_{\theta z}^{(2)} = ik\mu_2 \beta_2 C_2 H_1^{(2)}(\beta_2 r) e^{i(kz - \omega t)} \tag{3-120}$$

$$\sigma_{rz}^{(2)} = 0 \tag{3-121}$$

式中，μ_2 为围岩层的拉梅（Lamé）常数。

3.4.3 频散方程的建立

问题的边界条件为：

在 $r = r_1$ 的表面上，即缝管锚杆的内表面上，

$$\sigma_{r\theta}^{(1)} = 0 \tag{3-122}$$

在 $r = r_2$ 的表面上，即缝管锚杆与围岩层的接触面上，

$$u_\theta^{(1)} = u_\theta^{(2)}, \; \sigma_{r\theta}^{(1)} = \sigma_{r\theta}^{(2)} \tag{3-123}$$

将式（3-97）、式（3-111）、式（3-115）和式（3-119）代入边界条件式（3-122）和式（3-123）中，产生一组特征方程，方程的矩阵形式为

$$[M_{ij}] \cdot [N] = 0 \quad (i, j = 1, 2, 3) \tag{3-124}$$

其中 $N = [C_1 \quad D_1 \quad C_2]^{\mathrm{T}}$，$[M_{ij}]$ 为 3×3 的系数矩阵。为使式（3-124）有非零解，其系数行列式必须为零，即：

$$|M_{ij}| = 0 \tag{3-125}$$

式（3-125）即为缝管锚杆中扭转导波的频散方程。式中的系数为

$$M_{11} = \mu_1 \left[\beta_1^2 J_0(\beta_1 r_1) - \frac{\beta_1 J_1(\beta_1 r_1)}{r_1} \right]$$

$$M_{12} = \mu_1 \left[\beta_1^2 Y_0(\beta_1 r_1) - \frac{\beta_1 Y_1(\beta_1 r_1)}{r_1} \right]$$

$$M_{13} = 0$$

$$M_{21} = \beta_1 J_1(\beta_1 r_2)$$

$$M_{22} = \beta_1 Y_1(\beta_1 r_2)$$

$$M_{23} = -\beta_2 H_1^{(2)}(\beta_2 r_2)$$

$$M_{31} = \mu_1 \left[\beta_1^2 J_0(\beta_1 r_2) - \frac{\beta_1 J_1(\beta_1 r_2)}{r_2} \right]$$

$$M_{32} = \mu_1 \left[\beta_1^2 Y_0(\beta_1 r_2) - \frac{\beta_1 Y_1(\beta_1 r_2)}{r_2} \right]$$

$$M_{33} = -\mu_2 \left[\beta_2^2 H_0^{(2)}(\beta_2 r_2) - \frac{2\beta_2 H_1^{(2)}(\beta_2 r_2)}{r_2} \right]$$

3.4.4 频散曲线的求解

图 3-30 和图 3-31 分别为理论计算得到的缝管锚杆中扭转导波的相速度和能量速度频散曲线。

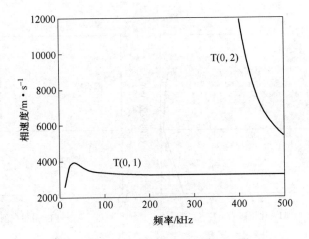

图 3-30　缝管锚杆中扭转导波的相速度频散曲线

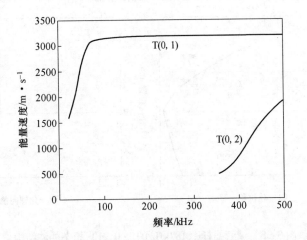

图 3-31　缝管锚杆中扭转导波的能量速度频散曲线

从图 3-30 可以看出，500kHz 频率范围内缝管锚杆中存在两个扭转向模态导波 T(0，1) 和 T(0，2)；T(0，1) 和 T(0，2) 模态的相速度随着频率的变化而不同，说明它们具有频散性。T(0，1) 和 T(0，2) 模态的截止频率分别为 12kHz 和 379kHz。

图 3-31 中，T(0，1) 模态的能量速度随着频率的增大逐渐增大，当频率达到 187kHz 时，T(0，1) 模态的能量速度趋于恒定；而 T(0，2) 模态的能量速度则呈递增趋势。

3.4.5　波结构分析

图 3-32 和图 3-33 分别为缝管锚杆中 50kHz 和 187kHz 的 T(0，1) 模态的波结构。

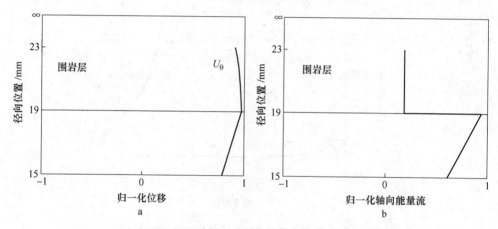

图 3-32　缝管锚杆中 50kHz 的 T(0，1) 模态的波结构
a—位移分布；b—轴向能量流分布

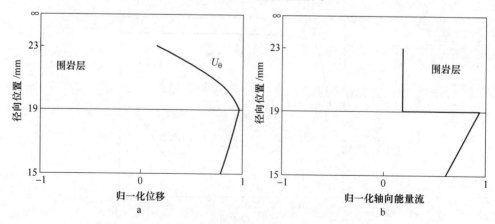

图 3-33　缝管锚杆中 187kHz 的 T(0，1) 模态的波结构
a—位移分布；b—轴向能量流分布

从图3-32a和图3-33a可以看出，50kHz和187kHz的T(0，1)模态在缝管锚杆和围岩接触面处的周向位移值较大，说明这两种频率的扭转导波从缝管锚杆向围岩层泄露了较多的能量。与此同时，50kHz和187kHz的T(0，1)模态在缝管锚杆截面中的周向位移分布较为均匀，其周向位移值较大，说明这两种频率的导波适合于检测整个缝管锚杆管壁的轴向缺陷。

从图3-32和图3-33b也能看出，50kHz和187kHz的T(0，1)模态的轴向能量流主要分布在缝管锚杆的整个管壁截面，所以对整个管壁截面上的缺陷较为敏感。

3.4.6　波的衰减特性分析

图3-34为理论计算所得500kHz范围内缝管锚杆中扭转导波的衰减频散曲线。从图中可以看出，T(0，1)和T(0，2)模态的能量速度随频率的增大，单调递减。对于T(0，1)模态，当频率大于195kHz后，衰减值趋于恒定。

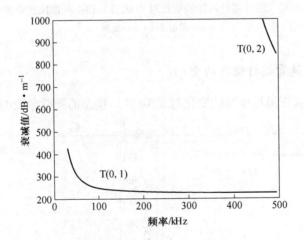

图3-34　缝管锚杆中扭转导波的衰减频散曲线

3.4.7　参数变化对频散曲线的影响

3.4.7.1　缝管锚杆内径的变化

图3-35反映了缝管锚杆内径的变化对缝管锚杆中T(0，1)模态的频散曲线的影响。

由图3-35a可知，当频率小于100kHz时，缝管锚杆内径越大，T(0，1)模态的能量速度越大；当频率大于100kHz时，缝管锚杆内径的变化对T(0，1)模态的能量速度影响很小。

随着缝管锚杆的内径逐渐增大，T(0，1) 模态的衰减值逐渐减小（如图 3-35b 所示）。

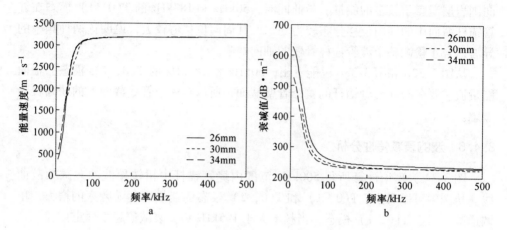

图 3-35 缝管锚杆内径的变化对 T(0，1) 模态频散曲线的影响

a—能量速度；b—衰减

3.4.7.2 缝管锚杆壁厚的变化

图 3-36 为缝管锚杆壁厚的变化对 T(0，1) 模态的频散曲线的影响。

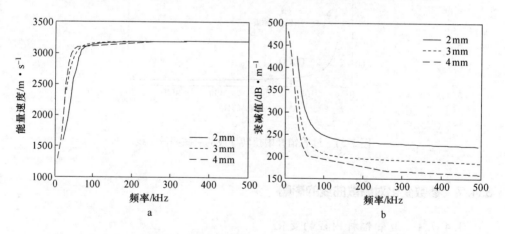

图 3-36 缝管锚杆壁厚的变化对 T(0，1) 模态频散曲线的影响

a—能量速度；b—衰减

从图 3-36a 可以看出，60kHz 以内，缝管锚杆壁厚越大，T(0，1) 模态的能量速度越大；频率大于 255kHz 时，缝管锚杆壁厚的变化对 T(0，1) 模态的能量速度几乎没有影响。

随着缝管锚杆的壁厚逐渐增大，T(0，1) 模态的衰减频散曲线向左下方移动（如图 3-36b 所示）。

3.4.7.3 围岩层弹性模量的变化

图 3-37 反映了围岩层弹性模量的变化对 T(0，1) 模态的频散曲线的影响。

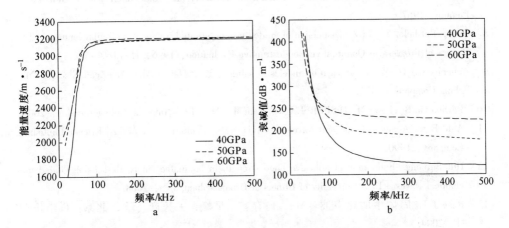

图 3-37 围岩层弹性模量的变化对 T(0，1) 模态频散曲线的影响
a—能量速度；b—衰减

从图 3-37a 可以看出，500kHz 范围以内，围岩层弹性模量 60GPa 对应的 T(0，1) 模态的能量速度大于其余两种情况，围岩层弹性模量 40GPa 对应的 T(0，1) 模态的能量速度最小，但它们的差距并不太明显。

由图 3-37b 可知，65kHz 范围内，围岩层弹性模量越大，T(0，1) 模态的衰减值越小；当频率大于 65kHz 时，T(0，1) 模态的衰减值随着围岩层弹性模量的增大而增大。

参 考 文 献

[1] Ghosh J. Longitudinal vibrations of a hollow cylinder [J]. Bulletin of the Calcutta Mathematical Society, 1923, 24: 31~40.

[2] Gazi D C. Three dimensional investigation of the propagation of waves in hollow circular cylinders. Ⅰ. analytical foundation [J]. Journal of the Acoustical Society of America, 1959, 31: 568~578.

[3] Gazi D C. Three dimensional investigation of the propagation of waves in hollow circular cylinders. Ⅱ. numerical results [J]. Journal of the Acoustical Society of America, 1959, 31: 573~578.

[4] Alleyne D N, Cawley P. The excitation of lamb waves in pipes using dry-coupled piezoeletric transducers [J]. Journal of Nondestructive Evaluation, 1996, 15 (1): 11~19.

[5] Liu G, Qu J. Guided circumferential waves in a circular annulus [J]. Journal of Applied Mechanics, 1998, 65: 424 ~ 430.

[6] Fitch A H. Observation of elastic-pulse propagation in axially symmetric and nonaxially symmetric longitudinal modes of hollow cylinders [J]. Journal of the Acoustical Society of America, 1963, 35: 706 ~ 708.

[7] Viktorov I A. Rayleigh and Lamb Waves-Physical Theory and Application [M]. New York: Plenum, 1967.

[8] Qu J, Berthelot Y, Li Z. Dispersion of guided circumferential waves in a circular annulus [J]. Review of Progress in Quantitative Nondestructive Evaluation, 1996, 15: 169 ~ 176.

[9] Achenbach J D. Wave propagation in elastic solids [M]. New York: American Elsevier Publishing Company, 1973.

[10] Pavlakovic B, Lowe M. DISPERSE User' Manual [M]. UK: Imperial College London, 2001.

[11] Auld B A. Acoustic fields and waves in solids [M]. Volume 2. Florida: Krieger Publishing Company, 1990.

[12] Huo Shihong. Estimation of adhesive bond strength in laminated safety glass using guided mechanical waves [D]. University of Illinois at Urbana-Champaign, 2008.

[13] Rose J L. 固体中的超声波 [M]. 何存富, 吴斌, 王秀彦, 译. 北京: 科学出版社, 2004.

[14] Lowe M. Plate waves for the NDT of difussion bonded titanium [D]. London: Imperial College of Science Technology and Medicine, 1993.

实心圆柱体结构中的扭转
导波理论基础

作支撑的金属杆、钢筋和支护使用的锚杆等各种实心圆柱体结构普遍存在于各种工程中。本章将着重叙述扭转导波在几种常见实心圆柱体结构中的传播特性。类似于空心圆柱体结构，在本书中，对各种实心圆柱体结构进行分类，裸露的各种实心圆柱体结构称之为自由实心圆柱体结构，比如金属杆；被其他介质包裹的各种实心圆柱体结构称之为多层实心圆柱体结构，比如钢筋、支护中的锚杆。

关于实心圆柱体结构中的导波理论，前人已经做了比较充分的研究工作。最具代表性的即为 Pochhammer[1] 及 Chree[2]，最早由他们独立地推导了基于弹性动力学理论的无限长实心圆柱杆中的导波的频散方程。直至 20 世纪 40 年代，Bancroft[3] 实现了对实心圆柱杆中的纵向导波的频散方程的数值求解，之后 Holden[4] 近似地求解了实心圆柱杆中的纵向导波的频散方程；Cooper[5] 和 Davies[6] 分别求解了实心圆柱杆中的扭转导波的频散方程。Pao 等人[7,8] 于 20 世纪 60 年代对实心圆柱杆中的弯曲导波的频散方程进行了数值求解。

根据文献 [9～11] 的标记方法，实心圆柱体结构中的导波存在三种模态，即

纵向导波模态（longitudinal guided wave）：$L(0, m)$；

扭转导波模态（torsional guided wave）：$T(0, m)$；

弯曲导波模态（flexural guided wave）：$F(n, m)$。

各模态导波中，周向阶数 $n(n=1, 2, 3, \cdots)$ 反映该模态导波绕圆柱壁螺旋式传播的形态；整数 $m(m=1, 2, 3, \cdots)$ 反映该模态导波在圆柱厚度上的振动形态[12]。其中，纵向导波模态和扭转导波模态的周向阶数 n 均为零，它们是轴对称的导波模态；而弯曲导波模态的周向阶数 n 不为零，它是非轴对称的导波模态。

本章着重叙述扭转导波在几种常见实心圆柱体结构中的传播特性。

4.1 自由实心圆柱体结构中的扭转导波理论

4.1.1 频散方程的建立

为了建立自由实心圆柱体结构中导波的频散方程，此处做出与第3章自由空心圆柱体结构频散方程建立时使用的相同假设。图 4-1 为自由实心圆柱体结构在柱坐标下的示意图。

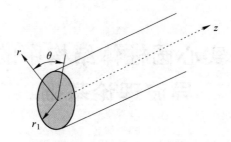

图 4-1　自由实心圆柱体结构示意图

与自由空心圆柱体结构中的导波类似，在柱坐标系下，假设扭转波以简谐波的形式在自由实心圆柱体结构中沿 z 轴传播，因此式（3-64）的解的一般形式为

$$\psi_z = h_z(r) \, e^{i(kz-\omega t)} \tag{4-1}$$

将式（4-1）代入式（3-13），得到常微分方程

$$\frac{d^2 h_z(r)}{dr^2} + \frac{1}{r} \frac{dh_z(r)}{dr} + \left(\frac{\omega^2}{c_s^2} - k^2\right) h_z(r) = 0 \tag{4-2}$$

按照式（3-34）的假定，式（4-2）相应的解为

$$h_z(r) = CJ_0(\beta r) \tag{4-3}$$

式中，C 为待定常数，它代表向外传播的横波的幅值。

将式（4-3）代入到式（4-1），得

$$\psi_z = CJ_0(\beta r) \, e^{i(kz-\omega t)} \tag{4-4}$$

考虑到第二类贝塞尔函数在原点的奇异性，式（4-4）中省略了 $Y_0(\beta r)$。

将式（4-4）代入式（3-64）得出相应的周向位移的表达式为

$$u_\theta = \beta C J_1(\beta r) \, e^{i(kz-\omega t)} \tag{4-5}$$

将式（4-5）、式（3-62）和式（3-63）代入式（3-18）~式（3-23），得到扭转导波在自由实心圆柱体结构中的应力分别为

$$\sigma_{rr} = 0 \tag{4-6}$$

$$\sigma_{\theta\theta} = 0 \tag{4-7}$$

$$\sigma_{zz} = 0 \tag{4-8}$$

$$\sigma_{r\theta} = \mu \left[\beta^2 C J_0(\beta r) - \frac{2\beta C J_1(\beta r)}{r} \right] e^{i(kz-\omega t)} \tag{4-9}$$

$$\sigma_{\theta z} = ik\mu\beta C J_1(\beta r) \, e^{i(kz-\omega t)} \tag{4-10}$$

$$\sigma_{rz} = 0 \tag{4-11}$$

式中，μ 为自由实心圆柱体结构的拉梅（Lamé）常数。

问题的边界条件为在自由实心圆柱体结构的表面处

$$\sigma_{r\theta} = 0 \quad (r = r_1) \tag{4-12}$$

将边界条件式（4-12）代入式（4-9），得到

$$\beta r_1 J_0(\beta r_1) = 2J_1(\beta r_1) \tag{4-13}$$

式（4-13）即是扭转导波的频散方程，也称为扭转导波的 Pochhammer 频率方程。其前四个根为

$$\beta_1 = 0, \ \beta_2 r_1 = 5.136, \ \beta_3 r_1 = 8.147, \ \beta_4 r_1 = 11.62 \tag{4-14}$$

4.1.2 频散曲线的求解

理论计算中使用的自由实心圆柱体结构为金属杆，其属性见表4-1。金属杆的直径为 $\phi 22\text{mm}$。

表 4-1　金属杆的材料属性

材　　料	弹性模量 E/GPa	密度 $\rho/\text{kg} \cdot \text{m}^{-3}$	泊松比 ν
金属杆	210	7850	0.3

图4-2 和图4-3 分别为自由圆钢锚杆中扭转导波的相速度和群速度频散曲线。

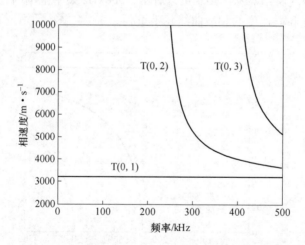

图4-2　自由圆钢锚杆中扭转导波的相速度频散曲线

从图4-2 和图4-3 可以看出，500kHz 频率范围内金属杆中存在三个扭转向模态导波 T(0, 1) ~ T(0, 3)。T(0, 1) 模态的相速度和群速度恒定，它们的值为金属杆中的横波波速，与频率无关，所以 T(0, 1) 为非频散的导波模态。T(0, 2) 和 T(0, 3) 模态相速度和群速度随着频率的变化而不同，说明这两个模态的导波是频散的；T(0, 1) 模态扭转导波不存在截止频率，其余两个模态均存在截止频率，例如 T(0, 2) 模态的截止频率约为238kHz，T(0, 3) 模态的截止频率约为390kHz。

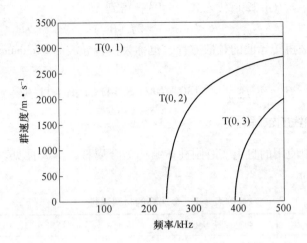

图4-3 自由圆钢锚杆中扭转导波的群速度频散曲线

考虑扭转导波衰减的情况下,计算得到的金属杆中扭转导波的能量速度和群速度比较如图4-4所示。从图4-4可以看出,500kHz频率范围内,金属杆中扭转导波的能量速度和群速度的频散曲线几乎重叠。

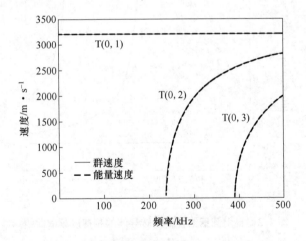

图4-4 金属杆中扭转导波的能量速度和群速度比较

4.1.3 波结构分析

图4-5和图4-6分别为30kHz和40kHz的T(0,1)模态的波结构。

由图4-5a可知,30kHz T(0,1)模态的周向位移在金属杆中心为零。周向位移随着径向位置线性递增,并在金属杆表面达到最大值;30kHz T(0,1)模态的轴向能量流(图4-5b)在金属杆中心为零,并随着径向位置增大而增大,轴向能量流在金属杆表面达到最大值，说明 30kHz 的 T(0，1) 适合于对金属杆体表面的缺陷进行检测。

因 T(0，1) 模态非频散，所以 40kHz 与 30kHz 的 T(0，1) 模态具有相同的波结构（图 4-6），400kHz 的 T(0，1) 模态也具有同样的特性。

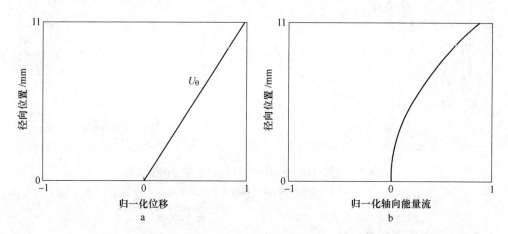

图 4-5　金属杆中 30kHz 的 T(0，1) 模态的波结构
a—位移分布；b—轴向能量流分布

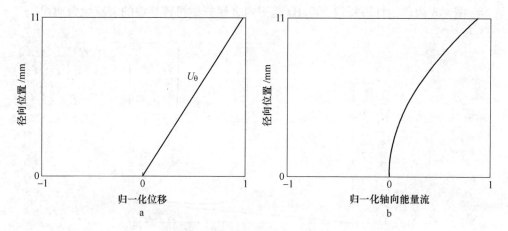

图 4-6　金属杆中 40kHz 的 T(0，1) 模态的波结构
a—位移分布；b—轴向能量流分布

图 4-7 为 400kHz 的 T(0，2) 模态的波结构图。

400kHz 的 T(0，2) 模态在金属杆截面的周向位移分布（图 4-7a）与 400kHz 的 T(0，1) 模态（即 40kHz 的 T(0，1) 模态）的结果差异很大。400kHz T(0，2) 模态在金属杆径向位置 0mm 和 8.14mm 处周向位移为零，这两处径向位置的轴向能量流亦为零（图 4-7b）。

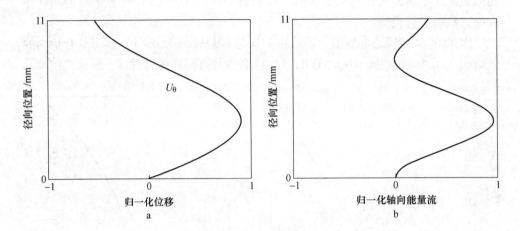

图 4-7　金属杆中 400kHz 的 T(0，2) 模态的波结构

a—位移分布；b—轴向能量流分布

4.1.4　波的衰减特性分析

　　假设金属杆中纵波和横波的衰减系数分别为 0.003Np/wl 和 0.008Np/wl。

　　图 4-8 为理论计算所得 500kHz 范围内金属杆中扭转导波的衰减频散曲线。

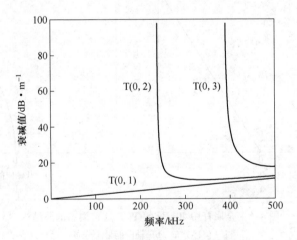

图 4-8　金属杆中扭转导波的衰减频散曲线

　　图 4-8 中，T(0，1) 模态导波的衰减值与频率呈线性递增关系。T(0，2) 和 T(0，3) 模态的衰减值随着频率的增大先减小，然后再增大。当频率大于 400kHz 时，同一频率下，T(0，1) 模态的衰减值最小，T(0，3) 模态的衰减值最大。

4.1.5 参数变化对频散曲线的影响

由第 3 章空心圆柱体结构中的扭转导波理论可知，当扭转导波模态为非频散时，波导尺寸的变化对此模态导波的能量速度及衰减频散曲线的影响微乎其微。所以本节仅对金属杆中具有频散特性的 T(0, 2) 模态进行分析。

对于 T(0, 2) 模态，随着金属杆直径的增大，能量速度逐渐增大（如图 4-9a 所示），而衰减频散曲线向左移动（如图 4-9b 所示）。300 ~ 500kHz 范围内，金属杆直径越大，衰减值越小。当频率大于 400kHz 时，三种金属杆直径的 T(0, 2) 模态的衰减值趋于一致。

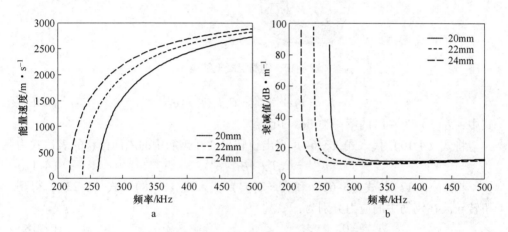

图 4-9　金属杆直径的变化对 T(0, 2) 模态频散曲线的影响

a—能量速度；b—衰减

4.2　双层实心圆柱体结构中的扭转导波理论

钢筋混凝土广泛应用于建筑领域，可谓是典型的双层实心圆柱体结构。本节以钢筋混凝土结构为例叙述扭转导波在双层实心圆柱体结构中的传播特性。

4.2.1　钢筋混凝土结构中的位移和应力

钢筋混凝土结构是双层介质的实心圆柱体结构（如图 4-10 所示）。图中的内层介质为钢筋，外围介质为混凝土。本节中，r_1 为锚杆的半径，混凝土为径向尺寸无限大的介质，并假设导波沿 z 轴传播。为了便于分析，此处钢筋做金属杆处理。

此处将钢筋定义为第一层介质，则

$$h_z^{(1)}(r) = C_1 J_0(\beta_1 r) \tag{4-15}$$

式中，C_1 为向外传播的横波的幅值，且为待定常数；$\beta_1^2 = \dfrac{\omega^2}{c_{s1}^2} - k^2$，$\omega$ 为波的圆频率，k 为波数，c_{s1} 为钢筋中的横波波速；$J_0(x)$ 为零阶的第一类 Bessel 函数。

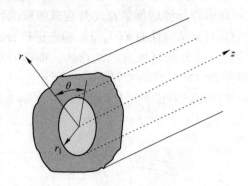

图 4-10　钢筋混凝土结构

$$\psi_z^{(1)} = h_z^{(1)}(r)\,e^{i(kz-\omega t)} = C_1 J_0(\beta_1 r)\,e^{i(kz-\omega t)} \tag{4-16}$$

式中，$J_1(x)$ 为一阶的第一类 Bessel 函数。

将式（4-16）代入式（3-64）得出扭转导波在钢筋中的周向位移的表达式为

$$u_\theta^{(1)} = C_1 \beta_1 J_1(\beta_1 r)\,e^{i(kz-\omega t)} \tag{4-17}$$

将式（4-17）、式（3-62）和式（3-63）代入式（3-18）～式（3-23），得到扭转导波在钢筋中的应力分别为：

$$\sigma_{rr}^{(1)} = 0 \tag{4-18}$$

$$\sigma_{\theta\theta}^{(1)} = 0 \tag{4-19}$$

$$\sigma_{zz}^{(1)} = 0 \tag{4-20}$$

$$\sigma_{r\theta}^{(1)} = \mu_1 C_1 \left[\beta_1^2 J_0(\beta_1 r) - \frac{2\beta_1 J_1(\beta_1 r)}{r} \right] e^{i(kz-\omega t)} \tag{4-21}$$

$$\sigma_{\theta z}^{(1)} = ik\mu_1 \beta_1 C_1 J_1(\beta_1 r)\,e^{i(kz-\omega t)} \tag{4-22}$$

$$\sigma_{rz}^{(1)} = 0 \tag{4-23}$$

式中，μ_1 为钢筋的拉梅（Lamé）常数。

4.2.2　混凝土中的位移和应力

此处将混凝土定义为第二层介质，则

$$h_z^{(2)}(r) = C_2 H_0^{(2)}(\beta_2 r) \tag{4-24}$$

式中，C_2 为向外传播的横波的幅值，它为待定常数；$\beta_2^2 = \dfrac{\omega^2}{c_{s2}^2} - k^2$，$\omega$ 为波的圆频率，k 为波数，c_{s2} 为混凝土中的横波波速；$H_0^{(2)}(x)$ 为零阶的第二类 Hankel 函数。

$$\psi_z^{(2)} = h_z^{(2)}(r) e^{i(kz-\omega t)} = C_2 H_0^{(2)}(\beta_2 r) e^{i(kz-\omega t)} \tag{4-25}$$

将式（4-25）代入式（3-64）得出扭转导波在混凝土中的周向位移的表达式为

$$u_\theta^{(2)} = C_2 \beta_2 H_1^{(2)}(\beta_2 r) e^{i(kz-\omega t)} \tag{4-26}$$

式中，$H_1^{(2)}(x)$ 为一阶的第二类 Hankel 函数。

将式（4-26）、式（3-62）和式（3-63）代入式（3-18）~式（3-23），得到扭转导波在混凝土中的应力分别为

$$\sigma_{rr}^{(2)} = 0 \tag{4-27}$$

$$\sigma_{\theta\theta}^{(2)} = 0 \tag{4-28}$$

$$\sigma_{zz}^{(2)} = 0 \tag{4-29}$$

$$\sigma_{r\theta}^{(2)} = \mu_2 C_2 \left[\beta_2^2 H_0^{(2)}(\beta_2 r) - \frac{2\beta_2 H_1^{(2)}(\beta_2 r)}{r} \right] e^{i(kz-\omega t)} \tag{4-30}$$

$$\sigma_{\theta z}^{(2)} = ik\mu_2\beta_2 C_2 H_1^{(2)}(\beta_2 r) e^{i(kz-\omega t)} \tag{4-31}$$

$$\sigma_{rz}^{(2)} = 0 \tag{4-32}$$

式中，μ_2 为混凝土的拉梅（Lamé）常数。

4.2.3 频散方程的建立

问题的边界条件为：

在 $r = r_1$ 的表面上，即锚杆与混凝土的接触面上，

$$u_\theta^{(1)} = u_\theta^{(2)}, \quad \sigma_{r\theta}^{(1)} = \sigma_{r\theta}^{(2)} \tag{4-33}$$

将式（4-17）、式（4-21）、式（4-26）、式（4-30）代入边界条件式（4-33）中，产生一组特征方程，方程的矩阵形式为

$$[M_{ij}] \cdot [N] = 0 \quad (i, j = 1, 2) \tag{4-34}$$

其中 $N = [C_1 \quad C_2]^T$，$[M_{ij}]$ 为 2×2 的系数矩阵。为使式（4-34）有非零解，其系数行列式必须为零，即：

$$|M_{ij}| = 0 \tag{4-35}$$

式（4-35）即为钢筋混凝土结构中扭转导波的频散方程。式中的系数为

$$M_{11} = \beta_1 J_1(\beta_1 r_1)$$

$$M_{12} = -\beta_2 H_1^{(2)}(\beta_2 r_1)$$

$$M_{21} = \mu_1 \left[\beta_1^2 J_0(\beta_1 r_1) - \frac{2\beta_1 J_1(\beta_1 r_1)}{r_1} \right]$$

$$M_{22} = -\mu_2 \left[\beta_2^2 H_0^{(2)}(\beta_2 r_1) - \frac{2\beta_2 H_1^{(2)}(\beta_2 r_1)}{r_1} \right]$$

4.2.4 频散曲线的求解

理论计算中使用的钢筋混凝土结构的材料属性见表 4-2。钢筋的直径为 ϕ22mm。

表 4-2　钢筋混凝土结构的材料属性

材　料	弹性模量 E /GPa	密度 ρ /kg·m^{-3}	泊松比 ν	纵波衰减系数 /Np·wl^{-1}	横波衰减系数 /Np·wl^{-1}
钢筋	210	7850	0.3	0.003	0.008
混凝土	20	1600	0.2	0.043	0.1

图 4-11 和图 4-12 分别为钢筋混凝土中扭转导波的相速度和能量速度频散曲线。

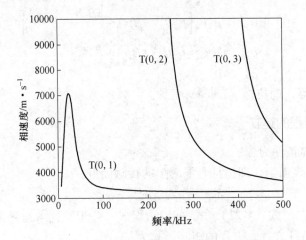

图 4-11　钢筋混凝土中扭转导波的相速度频散曲线

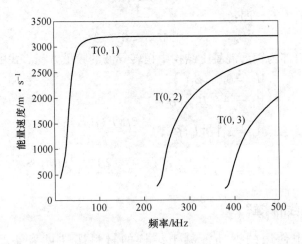

图 4-12　钢筋混凝土中扭转导波的能量速度频散曲线

由图4-11可知,500kHz范围内,钢筋混凝土中存在三种扭转导波模态,并且每个模态的相速度随着频率的变化而不同,说明这三种扭转导波模态都是频散的;与自由钢筋中扭转导波的频散曲线不同,T(0,1)模态存在截止频率,其值约为13kHz;随着频率的增大,T(0,1)模态的相速度先增大后减小,并在24kHz达到最大值,其余两个扭转导波模态都呈减小趋势。

图4-12中,随着频率的增大,T(0,1)模态的能量速度先增大,当频率达到约100kHz后,T(0,1)模态的能量速度保持恒定。其余两个模态的能量速度随着频率的增大呈递增趋势。

4.2.5　波结构分析

多层柱状复合结构中,扭转导波的周向位移对于检测轴向缺陷的灵敏度起决定作用[13]。而导波在波导杆外表面上的周向位移对波在传播过程中能量的泄漏起决定作用。

图4-13和图4-14分别反映了钢筋混凝土中50kHz和200kHz的T(0,1)模态的波结构。

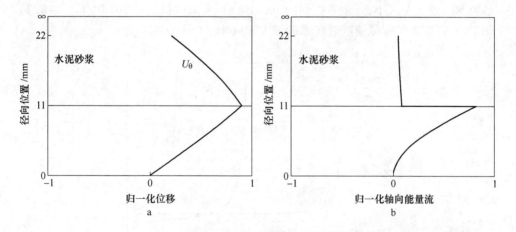

图4-13　钢筋混凝土中50kHz的T(0,1)模态的波结构
a—位移分布;b—轴向能量流分布

从图4-13a和图4-14a可看出,50kHz和200kHz的T(0,1)模态在钢筋与混凝土接触面上的周向位移较大,此时将激励出较强的横波信号,并泄漏至混凝土中,进而导致导波能量的衰减。

从图4-13b和图4-14b可看出,50kHz和200kHz的T(0,1)模态的轴向能量流主要分布在钢筋中。在钢筋中,径向位置为零时,轴向能量流为零;随着径向位置的增大,轴向能量流逐渐增大。

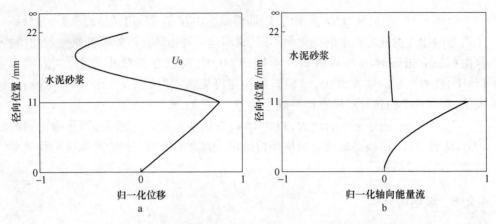

图 4-14　钢筋混凝土中 200kHz 的 T(0,1) 模态的波结构

a—位移分布；b—轴向能量流分布

4.2.6　波的衰减特性分析

图 4-15 为钢筋混凝土中扭转导波的衰减频散曲线。T(0,1) 模态的衰减值随着频率的增大先减小，当频率达到约 100kHz 后，衰减值稳定在 161dB/m。T(0,2) 和 T(0,3) 模态的衰减值随着频率的增大而减小。

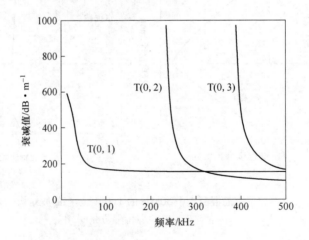

图 4-15　钢筋混凝土中扭转导波的衰减频散曲线

4.2.7　参数变化对频散曲线的影响

4.2.7.1　钢筋直径的变化

图 4-16 反映了钢筋直径的变化对钢筋混凝土中的 T(0,1) 模态频散曲线的

影响。

　　图 4-16a 中,100kHz 范围内,钢筋的直径越大,T(0,1)模态的能量速度越大;频率大于 100kHz,钢筋直径的变化对 T(0,1)模态的能量速度几乎无影响。

　　由图 4-16b 可知,钢筋的直径越大,T(0,1)模态的衰减值越小。

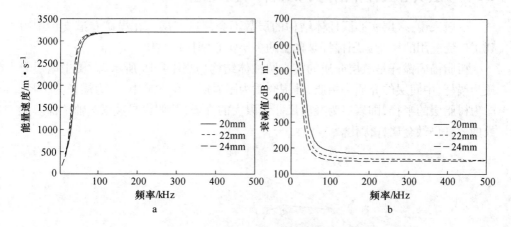

图 4-16　钢筋直径的变化对 T(0,1)模态频散曲线的影响
a—能量速度;b—衰减

4.2.7.2　混凝土弹性模量的变化

　　图 4-17 反映了混凝土弹性模量的变化对 T(0,1)模态频散曲线的影响。图 4-17a 中,100kHz 范围内,混凝土弹性模量越大,T(0,1)模态的能量速度越小;频率大于 100kHz,混凝土弹性模量的变化对 T(0,1)模态的能量速度几乎无影响。

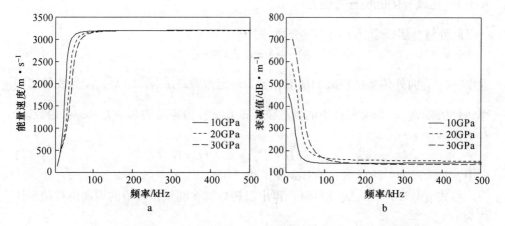

图 4-17　混凝土弹性模量的变化对 T(0,1)模态频散曲线的影响
a—能量速度;b—衰减

由图 4-17b 可知,100kHz 范围内,随着混凝土弹性模量增大,T(0,1)模态的衰减值逐渐增大;频率大于 150kHz,混凝土的弹性模量对 T(0,1)模态衰减值的影响减小。

4.3　多层实心圆柱体结构中的扭转导波理论

一般来说,多层实心圆柱体结构的层数不会超过三层。在煤矿巷道支护中得到了广泛应用的树脂锚固锚杆是典型的多层实心圆柱体结构。

树脂锚固锚杆是三层介质的实心圆柱体结构(如图 4-18 所示)。图中内层介质为锚杆,中间层的介质为树脂,外围介质为围岩层。在本节中,r_1 为锚杆的半径,r_2 为树脂层的半径,围岩层为径向尺寸无限大的介质,并假设导波沿 z 轴传播。此处的锚杆仍做金属杆优化。

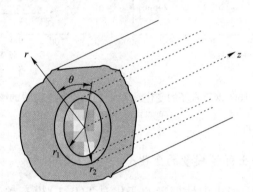

图 4-18　多层实心圆柱体结构

4.3.1　金属杆中的位移和应力

此处将金属杆定义为第一层介质,则

$$h_z^{(1)}(r) = C_1 J_0(\beta_1 r) \tag{4-36}$$

式中, C_1 为向外传播的横波的幅值, 且为待定常数; $\beta_1^2 = \dfrac{\omega^2}{c_{s1}^2} - k^2$, ω 为波的圆频率, k 为波数, c_{s1} 为金属杆中的横波波速; $J_0(x)$ 为零阶的第一类 Bessel 函数。

则

$$\psi_z^{(1)} = h_z^{(1)}(r) e^{i(kz - \omega t)} = C_1 J_0(\beta_1 r) e^{i(kz - \omega t)} \tag{4-37}$$

式中, $J_1(x)$ 为一阶的第一类 Bessel 函数。

将式 (4-37) 代入式 (3-64) 得出扭转导波在圆钢锚杆中的周向位移的表达式为

$$u_\theta^{(1)} = C_1 \beta_1 J_1(\beta_1 r) e^{i(kz - \omega t)} \tag{4-38}$$

将式 (4-38)、式 (3-62) 和式 (3-63) 代入式 (3-18)~式 (3-23),得到

扭转导波在金属杆中的应力分别为：

$$\sigma_{rr}^{(1)} = 0 \tag{4-39}$$

$$\sigma_{\theta\theta}^{(1)} = 0 \tag{4-40}$$

$$\sigma_{zz}^{(1)} = 0 \tag{4-41}$$

$$\sigma_{r\theta}^{(1)} = \mu_1 C_1 \left[\beta_1^2 J_0(\beta_1 r) - \frac{2\beta_1 J_1(\beta_1 r)}{r} \right] e^{i(kz-\omega t)} \tag{4-42}$$

$$\upsilon_{\theta z}^{(1)} - ik\mu_1 \beta_1 C_1 J_1(\beta_1 r) e^{i(kz-\omega t)} \tag{4-43}$$

$$\sigma_{rz}^{(1)} = 0 \tag{4-44}$$

式中，μ_1 为金属杆的拉梅（Lamé）常数。

4.3.2　树脂层中的位移和应力

此处将树脂层定义为第二层介质，则

$$h_z^{(2)}(r) = C_2 J_0(\beta_2 r) + D_2 Y_0(\beta_2 r) \tag{4-45}$$

式中，C_2 和 D_2 分别代表向外和向内传播的横波的幅值，它们均为待定常数；$\beta_2^2 = \dfrac{\omega^2}{c_{s2}^2} - k^2$，$\omega$ 为波的圆频率，k 为波数，c_{s2} 为树脂层中的横波波速；$J_0(x)$ 和 $Y_0(x)$ 分别为零阶的第一类和第二类 Bessel 函数。

则

$$\psi_z^{(2)} = h_z^{(2)}(r) e^{i(kz-\omega t)} = \left[C_2 J_0(\beta_2 r) + D_2 Y_0(\beta_2 r) \right] e^{i(kz-\omega t)} \tag{4-46}$$

将式（4-46）代入式（3-64）得出扭转导波在树脂层中的周向位移的表达式为

$$u_\theta^{(2)} = \left[C_2 \beta_2 J_1(\beta_2 r) + D_2 \beta_2 Y_1(\beta_2 r) \right] e^{i(kz-\omega t)} \tag{4-47}$$

式中，$J_1(x)$ 和 $Y_1(x)$ 分别为一阶的第一类和第二类 Bessel 函数。

将式（4-47）、式（3-62）和式（3-63）代入式（3-18）~式（3-23），得到扭转导波在树脂层中的应力分别为：

$$\sigma_{rr}^{(2)} = 0 \tag{4-48}$$

$$\sigma_{\theta\theta}^{(2)} = 0 \tag{4-49}$$

$$\sigma_{zz}^{(2)} = 0 \tag{4-50}$$

$$\sigma_{r\theta}^{(2)} = \mu_2 \left\{ \left[\beta_2^2 J_0(\beta_2 r) - \frac{\beta_2 J_1(\beta_2 r)}{r} \right] C_2 + \left[\beta_2^2 Y_0(\beta_2 r) - \frac{\beta_2 Y_1(\beta_2 r)}{r} \right] D_2 \right\} e^{i(kz-\omega t)}$$

$$\tag{4-51}$$

$$\sigma_{\theta z}^{(2)} = ik\mu_2 \left[C_2 \beta_2 J_1(\beta_2 r) + D_2 \beta_2 Y_1(\beta_2 r) \right] e^{i(kz-\omega t)} \tag{4-52}$$

$$\sigma_{rz}^{(2)} = 0 \tag{4-53}$$

式中，μ_2 为树脂层的拉梅常数。

4.3.3　围岩层中的位移和应力

此处将围岩层定义为第三层介质，则

$$h_z^{(3)}(r) = C_3 H_0^{(2)}(\beta_3 r) \tag{4-54}$$

式中，C_3 为向外传播的横波的幅值，它为待定常数；$\beta_3^2 = \dfrac{\omega^2}{c_{s3}^2} - k^2$，$\omega$ 为波的圆频率，k 为波数，c_{s3} 为围岩层中的横波波速；$H_0^{(2)}(x)$ 为零阶的第二类 Hankel 函数。

则

$$\psi_z^{(3)} = h_z^{(3)}(r) e^{i(kz-\omega t)} = C_3 H_0^{(2)}(\beta_3 r) e^{i(kz-\omega t)} \tag{4-55}$$

将式（4-55）代入式（3-64）得出扭转导波在围岩层中的周向位移的表达式为

$$u_\theta^{(3)} = C_3 \beta_3 H_1^{(2)}(\beta_3 r) e^{i(kz-\omega t)} \tag{4-56}$$

式中，$H_1^{(2)}(x)$ 为一阶的第二类 Hankel 函数。

将式（4-56）、式（3-62）和式（3-63）代入式（3-18）~式（3-23），得到扭转导波在围岩中的应力分别为

$$\sigma_{rr}^{(3)} = 0 \tag{4-57}$$

$$\sigma_{\theta\theta}^{(3)} = 0 \tag{4-58}$$

$$\sigma_{zz}^{(3)} = 0 \tag{4-59}$$

$$\sigma_{r\theta}^{(3)} = \mu_3 C_3 \left[\beta_3^2 H_0^{(2)}(\beta_3 r) - \frac{2\beta_3 H_1^{(2)}(\beta_3 r)}{r} \right] e^{i(kz-\omega t)} \tag{4-60}$$

$$\sigma_{\theta z}^{(3)} = ik\mu_3 \beta_3 C_3 H_1^{(2)}(\beta_3 r) e^{i(kz-\omega t)} \tag{4-61}$$

$$\sigma_{rz}^{(3)} = 0 \tag{4-62}$$

式中，μ_3 为围岩层的拉梅（Lamé）常数。

4.3.4　频散方程的建立

问题的边界条件为：

在 $r = r_1$ 的表面上，即金属杆与树脂层的接触面上，

$$u_\theta^{(1)} = u_\theta^{(2)}, \quad \sigma_{r\theta}^{(1)} = \sigma_{r\theta}^{(2)} \tag{4-63}$$

在 $r = r_2$ 的表面上，即树脂层与围岩层的接触面上，

$$u_\theta^{(2)} = u_\theta^{(3)}, \quad \sigma_{r\theta}^{(2)} = \sigma_{r\theta}^{(3)} \tag{4-64}$$

将式（4-48）、式（4-42）、式（4-45）、式（4-51）、式（4-56）和式（4-60）代入边界条件式（4-63）和式（4-64）中，产生一组特征方程，方程的矩阵形式为

$$[M_{ij}] \cdot [N] = 0 \quad (i, j = 1, 2, 3, 4, 5, 6, 7, 8) \tag{4-65}$$

其中 $N = \begin{bmatrix} C_1 & C_2 & D_2 & C_3 \end{bmatrix}^\mathrm{T}$，$[M_{ij}]$ 为 4×4 的系数矩阵。为使式（4-65）有非零解，其系数行列式必须为零，即：

$$|M_{ij}| = 0 \qquad\qquad (4-66)$$

式（4-66）即为树脂锚固锚杆中扭转导波的频散方程。式中的系数为

$$M_{11} = \beta_1 J_1(\beta_1 r_1)$$

$$M_{12} = \beta_2 J_1(\beta_2 r_1)$$

$$M_{13} = \beta_2 Y_1(\beta_2 r_1)$$

$$M_{14} = 0$$

$$M_{21} = 0$$

$$M_{22} = \beta_2 J_1(\beta_2 r_2)$$

$$M_{23} = \beta_2 Y_1(\beta_2 r_2)$$

$$M_{24} = \beta_3 H_1^{(2)}(\beta_3 r_2)$$

$$M_{31} = \mu_1 \left[\beta_1^2 J_0(\beta_1 r_1) - \frac{2\beta_1 J_1(\beta_1 r_1)}{r_1} \right]$$

$$M_{32} = \mu_2 \left[\beta_2^2 J_0(\beta_2 r_1) - \frac{\beta_2 J_1(\beta_2 r_1)}{r_1} \right]$$

$$M_{33} = \mu_2 \left[\beta_2^2 Y_0(\beta_2 r_1) - \frac{\beta_2 Y_1(\beta_2 r_1)}{r_1} \right]$$

$$M_{34} = 0$$

$$M_{41} = 0$$

$$M_{42} = \mu_2 \left[\beta_2^2 J_0(\beta_2 r_2) - \frac{\beta_2 J_1(\beta_2 r_2)}{r_2} \right]$$

$$M_{43} = \mu_2 \left[\beta_2^2 Y_0(\beta_2 r_2) - \frac{\beta_2 Y_1(\beta_2 r_2)}{r_2} \right]$$

$$M_{44} = \mu_3 \left[\beta_3^2 H_0^{(2)}(\beta_3 r_2) - \frac{\beta_3 H_1^{(2)}(\beta_3 r_2)}{r_2} \right]$$

4.3.5　频散曲线的求解

理论计算中使用的树脂锚固锚杆的材料属性见表 4-3。金属杆的直径为 $\phi 22\mathrm{mm}$，树脂层的直径为 $\phi 32\mathrm{mm}$。

表 4-3　树脂锚固锚杆的材料属性

材　料	弹性模量 E /GPa	密度 ρ /kg·m^{-3}	泊松比 ν	纵波衰减系数 /Np·wl^{-1}	横波衰减系数 /Np·wl^{-1}
金属杆	210	7850	0.3	0.003	0.008
树脂	14	2000	0.3	0.05	0.12
围岩	40	2500	0.25	0.03	0.01

图 4-19 和图 4-20 分别为树脂锚固锚杆中扭转导波的相速度和能量速度频散曲线。

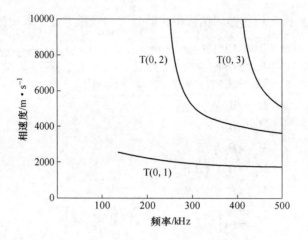

图 4-19　树脂锚固锚杆中扭转导波的相速度频散曲线

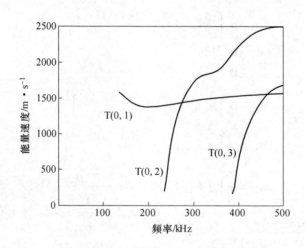

图 4-20　树脂锚固锚杆中扭转导波的能量速度频散曲线

由图 4-19 可知，500kHz 范围内，树脂锚固锚杆中存在三种扭转导波模态，并且每个模态的相速度随着频率的变化而不同，说明这三种扭转导波模态都是频散的；T（0，1）~ T（0，3）模态的截止频率分别为 136kHz、235kHz 和 387kHz；随着频率的增大，三种扭转导波模态的相速度都呈减小趋势。

图 4-20 中，500kHz 范围内，随着频率的增大，T（0，1）模态的能量速度先减小后增大，其余两个模态的能量速度随着频率的增大呈递增趋势。

4.3.6　波结构分析

　　图 4-21 和图 4-22 分别反映了树脂锚固锚杆中 135kHz 和 195kHz 的 T(0，1)模态的波结构。

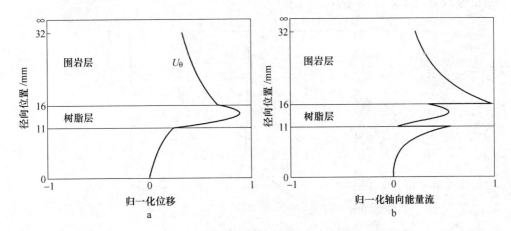

图 4-21　树脂锚固锚杆中 135kHz 的 T(0，1) 模态的波结构
a—位移分布；b—轴向能量流分布

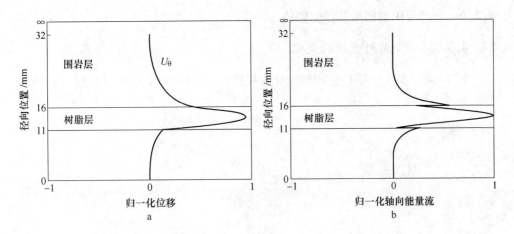

图 4-22　树脂锚固锚杆中 195kHz 的 T(0，1) 模态的波结构
a—位移分布；b—轴向能量流分布

　　图 4-21a 中 135kHz 的 T(0，1) 模态的导波在锚杆和树脂层接触面的周向位移要大于图 4-22a 中 195kHz 导波的情况，说明 135kHz 导波能量的泄漏情况要比 195kHz 导波严重；135kHz 和 195kHz 的 T(0，1) 模态在锚杆体内的周向位移值均较小，且随着径向位置的增大而增大，所以仅适合检测锚杆表面的轴向缺陷。

4.3.7　波的衰减特性分析

图 4-23 为树脂锚固锚杆中扭转导波的衰减频散曲线。500kHz 范围内，T(0，1)模态的衰减值随着频率的增大呈单调递增趋势。随着频率的增大，T(0，2)模态的衰减值的总体趋势减小。

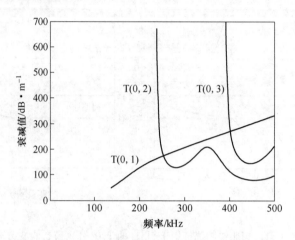

图 4-23　树脂锚固锚杆中扭转导波的衰减频散曲线

4.3.8　参数变化对频散曲线的影响

4.3.8.1　金属杆直径的变化

图 4-24 反映了金属杆直径的变化对树脂锚固锚杆中的 T(0，1)模态频散曲线的影响。

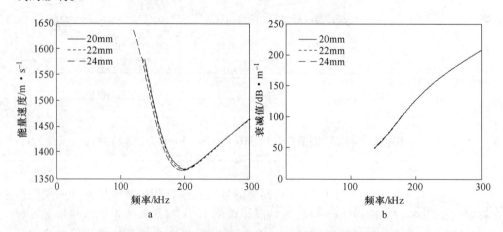

图 4-24　金属杆直径的变化对 T(0，1)模态频散曲线的影响

a—能量速度；b—衰减

图4-24a中，300kHz范围内，锚杆直径ϕ20mm的树脂锚固锚杆中T(0，1)模态的能量速度最大，锚杆直径ϕ24mm的树脂锚固锚杆中T(0，1)模态的能量速度最小，但两者的差距不明显。

由图4-24b可知，金属杆直径的变化对树脂锚固锚杆中T(0，1)模态的衰减值的影响非常小。三种直径对应的衰减频散曲线几乎重合。

4.3.8.2　树脂层厚度的变化

图4-25反映了树脂层厚度的变化对T(0，1)模态频散曲线的影响。从图4-25a可看出，随着树脂层厚度不断增大，T(0，1)模态的能量速度频散曲线向左上方移动。T(0，1)模态的衰减频散曲线亦存在近似的变化趋势（如图4-25b所示）。

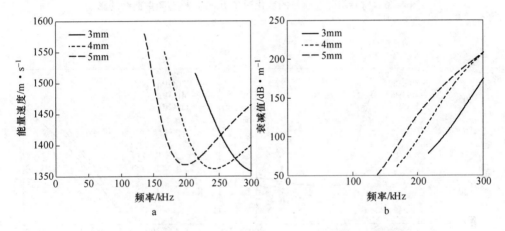

图4-25　树脂层厚度的变化对T(0，1)模态频散曲线的影响

a—能量速度；b—衰减

4.3.8.3　树脂层弹性模量的变化

图4-26反映了树脂层弹性模量的变化对T(0，1)模态频散曲线的影响。

由图4-26a可知，树脂层弹性模量越大，T(0，1)模态的能量速度频散曲线向右上方移动，而T(0，1)模态的衰减频散曲线则向右下方移动（如图4-26b所示）。

4.3.8.4　围岩层弹性模量的变化

图4-27反映了围岩层弹性模量的变化对T(0，1)模态频散曲线的影响。

从图4-27a可看出，158kHz范围内，随着围岩层弹性模量增大，T(0，1)

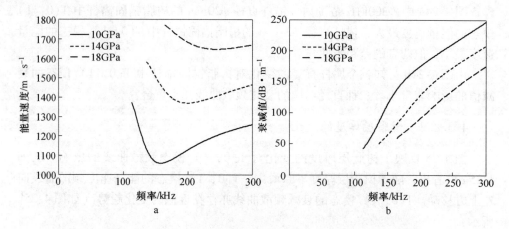

图 4-26　树脂层弹性模量的变化对 T(0，1) 模态频散曲线的影响

a—能量速度；b—衰减

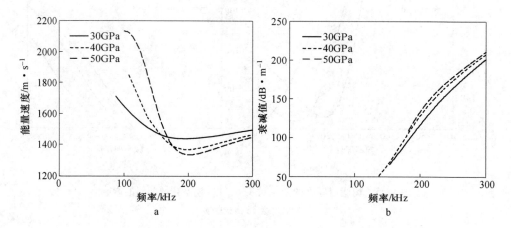

图 4-27　围岩层弹性模量的变化对 T(0，1) 模态频散曲线的影响

a—能量速度；b—衰减

模态的能量速度逐渐增大，而当频率大于 177kHz 时，T(0，1) 模态的能量速度却逐渐减小。

由图 4-27b 可知，围岩层的弹性模量越大，T(0，1) 模态的衰减值越大。

参 考 文 献

[1] Pochhammer L. Uber die fortpflanzungsgeschwingigkeiten kleiner schwingungen in einem unbegrenzten isotropen kreiszylinder [J]. Journal fur die Reine und Angewandte Mathematik, 1876, 81: 324 ~ 336.

[2] Chree C. The equations of an isotropic elastic solid in polar and cylindrical coordinates, their so-

lutions and applications [J]. Transactions of the Cambridge Philosophical Society, 1889, 14: 250 ~ 289.

[3] Bancroft D. The velocity of longitudinal waves in cylindrical rods [J]. Physics Review, 1941, 59: 588 ~ 593.

[4] Holden A N. Longitudinal modes of elastic waves in isotropic cylinders and slabs [J]. Bell System Tech. J., 1951, 30: 956 ~ 969.

[5] Cooper J L B. The propagation of elastic waves in a rod [J]. Philos. Mag., 1947: 1 ~ 22.

[6] Davies R M. Survey in Mechanics [M]. Cambridge: Cambridge University Press, 1956.

[7] Pao Y H, Mindlin R D. Dispersion of flexural waves in an elastic, circular cylinder [J]. Journal of Applied Mechanics, 1960, 27: 513 ~ 520.

[8] Pao Y H. The Dispersion of flexural waves in an elastic circular cylinder, Part 2 [J]. Journal of Applied Mechanics, 1962, 29: 61 ~ 64.

[9] Meitzler A H. Mode coupling occurring in the propagation of elastic pulses in wires [J]. Journal of the Acoustical Society of America, 1961, 33: 435 ~ 445.

[10] Zemanek J Jr. An experimental and theoretical investigation of elastic wave propagation in a cylinder [J]. Journal of the Acoustical Society of America, 1972, 51 (1): 265 ~ 283.

[11] Silk M G, Bainton K P. The propagation in metal tubing of ultrasonic wave modes equivalent to lamb waves [J]. Ultrasonics, 1979, 17: 11 ~ 19.

[12] 周正干, 冯海伟. 导波检测技术的研究进展 [J]. NDT 无损检测, 2006, 28 (2): 57 ~ 63.

[13] 何存富, 李伟, 吴斌. 扭转模态导波检测管道纵向缺陷的数值模拟 [J]. 北京工业大学学报, 2007, 33 (10): 1009 ~ 1013.

第3篇 应用篇

5 复合波导中的导波理论应用

锚杆是地下开采的矿山中巷道支护的最基本的组成部分，它将巷道的围岩束缚在一起，使围岩自身支护自身。锚杆不仅用于矿山，也用于工程技术中，对边坡、隧道、坝体等进行主动加固。前文提到，锚杆可以看做是一种复合波导。本章就以锚杆为研究对象，进行了导波理论应用于锚杆锚固质量检测的研究，包括：搭建导波检测实验平台、研究导波在树脂端锚锚杆锚固段上界面的反射情况、水泥砂浆端锚锚杆低频和高频纵向导波检测的实验研究，从而为导波现场检测锚杆的锚固质量提供技术指导。

5.1 导波检测实验平台

5.1.1 导波的常用检测方法

导波无损检测的方法有三种：透射传输法（through-transmission method）、脉冲回波法（pulse-echo method）和一发一收法（pitch-catch method）。图 5-1 为三种无损检测方法的示意图。

Mulhauser 于 1931 年[1]首先获得了利用超声透射传输法对固体中的缺陷进行检测的专利。图 5-1a 为透射传输法检测方法的示意图。从图中可以看出：透射传输法需要两个传感器，一传感器负责在试件的一端产生信号，一传感器在试件的另一端接收信号。

美国的 Firestone[2,3]和英国的 Sproule[4]在透射传输法的基础上发明了超声脉冲回波检测法。图 5-1b 为脉冲回波检测方法的示意图。从图中可以看出：脉冲回波法仅需要一个传感器就能实现在试件的同一端发射并接收信号。

一发一收检测法如图 5-1c 所示。一发一收法需要两个处于试件同一端的传感器，一个传感器发射信号，一个传感器接收信号，通常情况下，这两个传感器被封装成一整体，具体技术见参考文献 [5]。

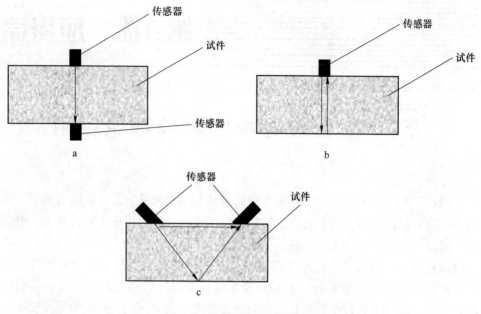

图 5-1　导波的无损检测方法

a—透射传输法；b—脉冲回波法；c——发—收法

5.1.2　导波的激励方式[6,7]

通过仪器作用于传感器在试件中激励出导波，而传感器的种类较多，例如压电传感器（piezoelectric transducer，PZT），电磁声传感器（electromagnetic acoustic transducer，EMAT），空气耦合式传感器（air-coupled transducer），激光超声传感器（laser induced ultrasonic transducer）等。

压电传感器的原理是：电压信号作用于传感器中的晶片（一般是陶瓷晶片），之后晶片发生变形，并伴随着高频振动，与此同时在试件中产生超声波。压电传感器主要分两类：接触式和液浸式[8]。接触式压电传感器又分为直探头和斜探头。直探头有纵波直探头和横波直探头两类。由于压电传感器成本较低，它在超声无损检测中得到了广泛的应用。

电磁声传感器的原理是：通过电流的线圈中将产生磁场，处于磁场作用下的金属材料发生高频振动，从而在试件中产生超声波。同一个电磁声传感器能够激励出横波和纵波信号，然而它的体积要普遍大于压电传感器，并且输出电压偏低。

空气耦合式传感器和激光超声传感器均为非接触式传感器[9,10]。空气耦合式传感器主要应用于微孔泡沫材料、强化型塑料和木制品的检测[11]。激光超声传感器主要应用于机械和航空领域的无损检测领域。它们的检测成本要高于压电传感器和电磁声传感器。

5.1.3　导波检测系统

出于不同的检测目的，本课题使用了两套导波检测的实验平台。

5.1.3.1　实验平台一

实验平台一为超声脉冲回波实验平台，可以进行低频和高频纵向导波实验。图 5-2 为实验平台一的原理图。

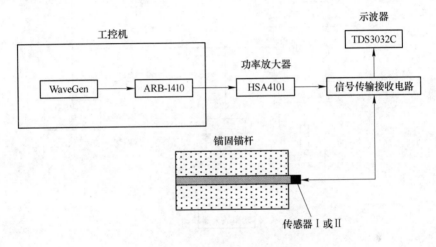

图 5-2　实验平台一的原理图

图 5-2 中，ARB-1410 是美国物理声学公司（PAC）生产的任意波形发生卡。通过 WaveGen 软件控制 ARB-1410 能够激发出 100Hz ~ 15MHz 的电压信号，输出信号的电压峰峰值为 20mV ~ 20V，输出电流峰值为 200mA。

HSA4101 为日本 NF 公司生产的信号功率放大器，它是高电压、高速线性功率放大器。HSA4101 能够放大信号的频率范围是 DC ~ 10MHz，输出电压信号的峰峰值为 142V，输出电流的峰峰值为 2.8A。

传感器 I 是美国物理声学公司生产的接触式超声纵波直探头 R6α。传感器 I 的直径为 19mm，工作频率范围为 35 ~ 100kHz，信号传输线的接口为 BNC。传感器 II 是日本 OLYMPUS 公司生产的接触式超声纵波直探头 A105S-RM。传感器 II 的直径为 19mm，工作频率范围为 1 ~ 3MHz，信号传输线的接口为 SMA。

美国 Tektronix 公司生产的 TDS3032C 示波器有两条信号通道，信号带宽达到 300MHz，采样率最高达 2.5GS/s。

实验平台一的工作流程是：通过 WaveGen 软件控制 ARB-1410 激发的超声信

号经功率放大器放大，进入信号传输接收电路，然后激励传感器，在锚固锚杆中产生导波；导波在锚固锚杆中的反射回波信号经由同一传感器，进入信号传输接收电路，然后在示波器上显示存储，并上传至工控机进行后期数据处理。

　　实验平台一中的信号传输接收电路实现了激励信号的传输和反射回波信号的采集功能间的无时间延迟转换功能[12]。其具体电路[13]如图5-3所示。

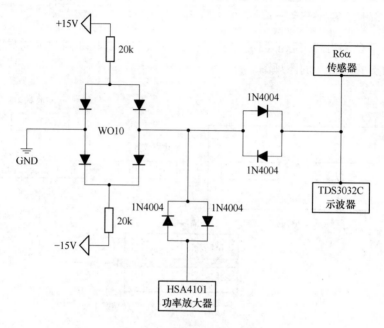

图 5-3　信号传输接收电路

　　传感器 I 和 II 均为接触式压电传感器。在测试以前，锚杆端面首先被加工平整，然后在传感器与锚杆的端面间涂一层耦合剂（通常为黄油或者液压油），以此提高从传感器传输至锚杆中的超声信号的能量。

　　为了保证实验的重复性，本书设计了一个传感器夹具（如图5-4所示）。夹具适用于18～24mm的圆钢锚杆端面传感器的固定。传感器的安装方法为：首先将传感器置于锚杆端面的中心位置，然后在传感器的后端面放置一垫片，拧紧夹具顶端的螺母抵住垫片，并对传感器施加一定的压力。压力不能太大，以传感器不能从锚杆端面轻易滑落为标准。

5.1.3.2　实验平台二

　　图5-5为实验平台二的原理图。图中，AD-IPR-1210是美国 MISTRAS 公司生产的超声信号发射接收卡（pulser/receiver），它的输出信号的峰峰值能够达到300V，而能采集信号的频率范围为 500kHz～20MHz。Ultrawin 是负责控制

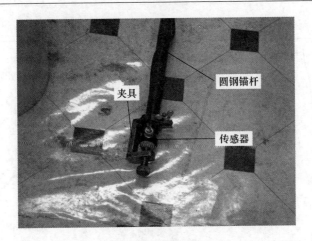

图 5-4　传感器夹具

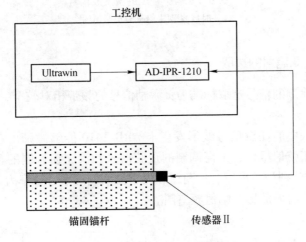

图 5-5　实验平台二的原理图

AD-IPR-1210 的信号激励、回波信号的数据采集、成像与分析的交互式窗口软件。

　　实验平台二的工作流程是：由 Ultrawin 控制 AD-IPR 1210 产生超声信号，激励传感器Ⅱ，在锚固锚杆中产生导波；导波在锚固锚杆中的反射回波信号被 AD-IPR 1210 采集，并由 Ultrawin 软件显示存储。

　　实验平台二仍为超声脉冲回波实验平台。它与实验平台一的不同之处在于 ARB-1410 是任意信号波形发生卡，其激励的超声信号的类型及频率是可控的，而 AD-IPR 1210 激励的超声信号是固定的。

　　实验平台二的激发波信号时域波形及幅值频谱图如图 5-6 所示。从图中可以看出，实验平台二的激发波信号是一种宽频的尖脉冲信号，它的频带范围为 0～2.5MHz。

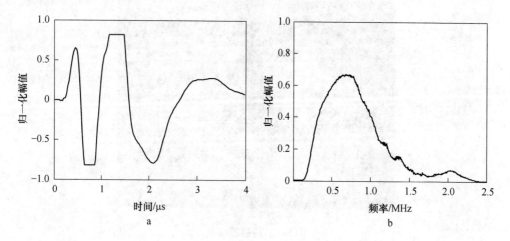

图 5-6　实验平台二的激发波信号

a—时域波形图；b—幅值频谱图

5.1.4　导波检测信号的选取

导波无损检测的信号选取标准为：激励信号的频带相对较窄，信号的能量较为集中。

实验平台一中的任意信号波形发生卡 ARB-1410 能够激励出三种信号波形：矩形窗调制的正弦信号、三角窗调制的正弦信号和汉宁窗调制的正弦信号三种。图 5-7～图 5-9 分别为矩形窗、三角窗和汉宁窗调制的中心频率为 50kHz，5 个周期的正弦信号的时域波形及幅值频谱图。

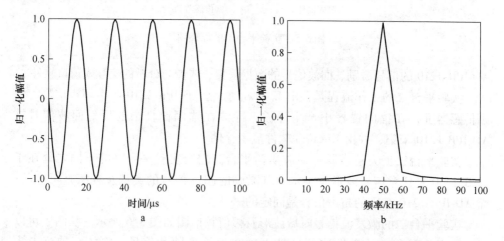

图 5-7　矩形窗调制的中心频率 50kHz，5 个周期的正弦波信号

a—时域波形图；b—幅值频谱图

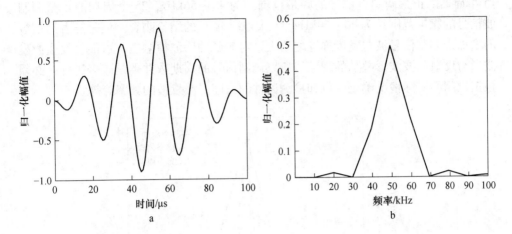

图 5-8 三角窗调制的中心频率 50kHz，5 个周期的正弦波信号

a—时域波形图；b—幅值频谱图

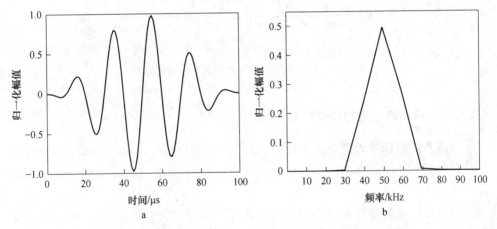

图 5-9 汉宁窗调制的中心频率 50kHz，5 个周期的正弦波信号

a—时域波形图；b—幅值频谱图

由图 5-7b 和图 5-8b 可以看出，矩形窗和三角窗调制的中心频率 50kHz，5 个周期的正弦波信号的频带分布在 10~100kHz 之间，而图 5-9b 汉宁窗调制的正弦波信号的频带仅分布于 30~70kHz 之间，所以在中心频率和周期相同的条件下，汉宁窗调制的正弦波信号的频带较其他两种信号调制方法要窄。所以选用汉宁窗调制的正弦波信号进行导波检测。

刘增华等人[14]讨论了激励信号的周期对单音频信号的影响，发现：激励信号的周期越多，信号的频带越窄，能量越集中。图 5-10 反映了汉宁窗调制的中心频率 50kHz 的正弦波信号周期数的变化对信号频带的影响，从图中可以看出，

15 个周期的正弦调制波信号的频带范围约为 43 ~ 56kHz，25 个周期的正弦调制波信号的频带范围约为 46 ~ 54kHz，与文献［14］的结论吻合。但是随着周期数的增加，调制信号波包宽度亦随之增大，对于脉冲回波检测法，可能会发生激发波形与反射回波波形叠加的现象。所以调制信号的周期数并不是越多越好，必须根据检测的实际情况确定，例如检测试件的长度，激发波的频率等等。

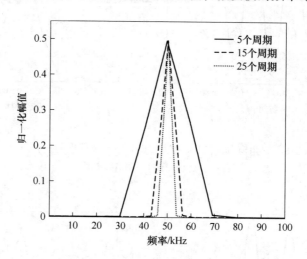

图 5-10　信号周期数的变化对信号频带的影响

5.1.5　导波检测信号的处理方法

导波常用的信号处理方法主要有三大类：时域分析法（time domain method）、频域分析法（frequency domain method）和时频分析法（time-frequency domain method）。

时域分析法是导波检测使用较为普遍的信号处理方法[15]。通过研究信号波包在试件中传播的时间历程（time of fight，TOF）及距离，可以迅速地计算出导波在试件中的传播速度，并能够对试件中的缺陷进行定位；通过研究信号波包幅值的变化及传播的距离，可以确定导波在试件中传播的衰减系数。

频域分析法是从导波信号的频域中提取特征信息[16]。例如 Sachse 和 Pao[17]提出对导波信号进行傅里叶变换（fourier transform，FT）得到导波相速度的方法。功率谱密度（power spectral density，PSD）分析是现代信号分析方法之一，它是研究随机信号的功率随频率的分布规律，是频域分析的重要方法[18]。

利用时间和频率的联合函数来表示信号简称为信号的时频分析。典型的时频分析方法有短时傅里叶变换（short time fourier transform，STFT）和小波变换（wavelet transform，WT）。短时傅里叶变化最早由 Gabor[19]提出，它的最主要的缺点在于需要在时间分辨率和频率分辨率之间进行权衡[20]。小波变换分析方法是目前使用最为广泛的时频分析方法，它克服了短时傅里叶变化在时间或者空间上的单分辨率的缺陷，具有多分辨率的特点，因此在时域和频域都有表征信号局部信息的能力[21]。

近年来，人工神经网络作为一种新兴的信号处理方法已经被尝试用于导波信号的分析[22]，在此不再赘述。

5.2　导波在树脂端锚锚杆锚固段上界面的反射研究

5.2.1　问题的提出

图5-11是树脂端锚锚杆的简化图。图中，锚固锚杆被分为两部分——自由段（L_1）和锚固段（L_2）。锚杆的锚固段上界面为导波首次从锚固锚杆的自由段进入锚杆的锚固段的界面。围岩层的尺寸沿径向（r）方向是无限大的。

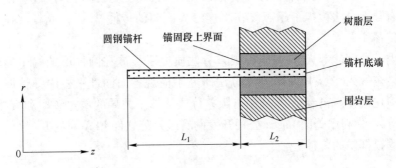

图 5-11　树脂端锚锚杆简化图

对于在锚杆中传播的导波，锚固段上界面相当于一个变阻抗界面，所以导波在锚固段上界面将发生反射和透射。根据连续性条件和动量守恒定律[23]，可以得到反射系数 R 和透射系数 T。

$$R = \frac{Z_2 - Z_1}{Z_2 + Z_1} \tag{5-1}$$

$$T = \frac{2Z_2}{Z_2 + Z_1} \tag{5-2}$$

式中，Z_1 为锚固锚杆自由段中的波阻抗；Z_2 为锚杆锚固段中的波阻抗。

根据导波在锚杆锚固段上界面的反射时间及在自由锚杆中的传播速度，可以迅速确定树脂端锚锚杆的自由段长度及锚杆锚固段的初始位置。刘海峰等人[24]通过相似模拟实验研究了低频纵向导波在树脂端锚锚杆的锚固段上界面及锚杆底端的反射显现传播规律，但是实验激发波的频率固定，并且仅改变树脂端锚锚杆的自由段长度和锚固段长度，而没有考虑到激发波频率、树脂层厚度和弹性模量等因素对上界面反射回波的影响。

数值模拟以其显著的成本优势及能够直观地表示最终结果的特点，在结构的波动无损检测中得到了越来越广泛的应用，它有助于我们了解波在结构中传播的本质。

5.2.2　波动问题的数值模拟方法

现阶段，波动问题的数值模拟方法主要有三种：有限差分法、有限单元法和边界元法。

5.2.2.1　有限差分法

有限差分法（finite difference method，FDM）是最早应用于求解波动问题的数值模拟方法[25,26]。它适用于简单边界条件问题的求解。

Harumi 等人[27]首先将有限差分法应用于处理波动无损检测问题。部分研究者使用有限差分法模拟了超声波在不连续界面间的传播[28~30]，或者波在复合材料中的传播[31,32]。

国内，郑国武等人[33]利用有限差分法研究了导波在圆柱形结构中的传播性质。曹结东等人[34]应用有限差分方法研究了横观各向同性平板中弹性波的传播特性和演化规律。杨春艳[35]利用有限差分法计算了波导的截止频率和衰减常数。岳向红等人[36]利用美国 Itasca 公司开发的有限差分软件 FLAC 模拟了纵向导波在树脂锚固锚杆中的传播。

5.2.2.2　有限单元法

随着计算机技术的迅速发展及计算成本的降低，有限元数值计算方法（finite element method，FEM）的使用得到了普及。有限单元法最初起源于土木工程和航空工程中的弹性和结构分析问题的研究。它的发展可以追溯到 Hrennikoff（1941 年）和 Courant[37]（1942 年）的工作。

Smith[38]最早将有限单元法应用于研究波动的无损检测问题。近年来，帝国理工大学的 Pavlakovic[39]使用有限元软件 FINEL[40]数值模拟了导波在水泥砂浆锚固锚索中的传播，并研究了锚索缺陷对波的反射系数和透射系数的影响。Vogt[41,42]数值模拟研究了纵向导波检测树脂材料属性的可行性。

国内，林华长[43]和张昌锁[44]分别使用有限元软件 NASTRAN 和 LS-DYNA 模拟了导波在锚固锚杆中的传播。

5.2.2.3　边界元法

边界元法（boundary element method，BEM）是继有限元法之后发展起来的一种新数值方法。它的研究始于二十世纪五六十年代，但真正可实际应用的较为完整的边界元法是在七十年代才建立起来的。经过了五十多年的发展，边界元法逐渐完善起来并得到了广泛的运用。

边界元法相对于有限元来说，在相同离散精度的条件下，边界元解的精度要高于有限元。并且在有些情况下，可以较容易地处理有限元方法很难处理的问题，例如，无限域问题，断裂问题等。而边界元软件的商业化远不如有限元，比较有代表性的是 LMS 公司的 Virtual. Lab 声学边界元软件。

近年来，边界元法在导波散射问题中应用得越来越多[45~48]。

5.2.3　导波在锚杆锚固段上界面反射的数值模拟

本节使用有限元软件 ANSYS 数值模拟研究纵向导波在树脂端锚锚杆锚固段上界面的反射情况。

5.2.3.1　ANSYS 软件

ANSYS 软件是世界著名的美国 ANSYS 公司最具盛名的 CAE 软件产品，该程序基于隐式算法[49]。自从 ANSYS 软件引进国内以后，由于其具有结构、热、流体、电磁和耦合场分析功能，并且功能体系完整强大，得到了非常成功的应用和推广，应用于航空航天、军工、能源动力、船舶、车辆、通用机械等各个行业，用户群非常庞大。

5.2.3.2　数值模拟的实现

导波在锚杆中传播时，只存在径向位移和轴向位移，而不存在周向位移。并且树脂端锚锚杆为轴对称形状，为了减少计算量，仅建立了树脂端锚锚杆的二维轴对称模型进行分析。

数值模拟所用的材料参数见表 5-1。

表 5-1　数值模拟用材料参数

材　料	弹性模量 E/GPa	密度 $\rho/\mathrm{kg \cdot m^{-3}}$	泊松比 ν
圆钢锚杆	210	7850	0.3
树脂层	14	2000	0.3
围岩层	40	2500	0.25

因为选用的树脂端锚锚杆的计算模型是二维轴对称模型，所以划分网格使用的单元为 PLANE42。PLANE42 是二维四节点平面单元。

超声波的频率较高，而波长较短，所以网格的密度对波在结构中传播的数值模拟结果影响很大。网格越密，计算结果越精确，然而计算规模也越大，耗时越多。确定合适的网格尺寸，是波动数值模拟需要解决的一个关键问题。

Alleyne 等人[50]建议一个波长中至少包含 10 个单元，而 Morser[51,52]则建议一个波长中划分 20 个单元。Zhang[53]详细地讨论了利用显式有限元软件 LS-DYNA 数值模拟纵向导波在混凝土锚固锚杆中传播时使用的轴向网格和径向网格的尺寸大小。

由文献［53］可知，轴向网格的疏密影响着纵向导波的传播速度；径向网格的疏密影响着纵向导波的幅值。为了验证这一规律是否适用于隐式有限元软件 ANSYS 的计算结果，首先以直径 $\phi 22\text{mm}$，长为 1.5m 的自由圆钢锚杆为基础，研究圆钢锚杆的轴向网格尺寸和径向网格尺寸的变化对导波传播的影响。

激励信号选用汉宁窗调制的正弦波信号，并且沿锚杆的轴向，以位移加载的形式作用于锚杆的一自由端面。考虑到波在锚杆中传播，引起介质的振动位移是微米级的[54]，所以激励信号的表达式如下：

$$\text{displacement}(f,n,t) = \left[\frac{1}{2000000}\left(1 - \cos\frac{2\pi ft}{n}\right)\right]\sin(2\pi ft) \tag{5-3}$$

式中，f 为信号的频率；n 为调制信号的周期数。

时间步长 Δt 的选择应满足 Nyquist 采样定理，即

$$2f < \frac{1}{\Delta t} \tag{5-4}$$

本节主要分析 20~100kHz 范围导波在锚杆中的传播，所以时间步长 Δt 的选择见表5-2。调制信号的周期数设为 5 个。

表 5-2　数值模拟的时间步长选择

频率/kHz	20	30	40	50	60	70	80	90	100
时间步长 Δt/μs	3.125	1.8	1.32	1.1	0.83	0.714	0.625	0.55	0.5

使用 ANSYS 的瞬态动力学分析模块中的 Full 方法进行波动问题的求解。

图 5-12 为二维轴对称自由圆钢锚杆的有限元模型及导波的加载示意图。

首先设定圆钢锚杆的径向网格尺寸为 1mm，然后改变轴向网格尺寸，计算得到了轴向网格尺寸对导波传播速度的影响如图 5-13 所示。从图 5-13 可以看出，随着锚杆轴向网格尺寸逐渐减小，同一频率的导波在锚杆中的传播速度也逐渐减小；当轴向网格尺寸减小到一定程度时，传播速度趋于稳定。并且轴向网格尺寸减小至 1.25mm 时，20~100kHz 导波的传播速度均趋于稳定。

图 5-14 反映了相同信号激发条件下，轴向网格尺寸的变化对 60kHz 纵向导波传播的影响。采用透射传输法，在锚杆的另一端面采集位移信号。如图 5-14a

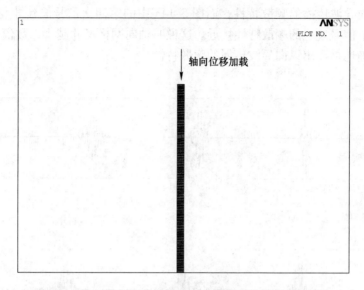

图 5-12 二维轴对称自由圆钢锚杆有限元模型及信号加载

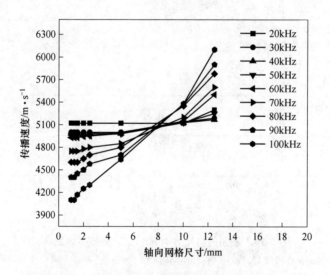

图 5-13 轴向网格尺寸对导波传播速度的影响

所示，当轴向网格尺寸为 12.5mm 时，到达锚杆底端的首波信号时间较其他两种尺寸要早，而轴向网格尺寸为 1.5mm 时（图 5-14c），到达锚杆底端的首波信号时间是三种轴向网格尺寸结果中最迟的，这说明了轴向网格尺寸越小，导波的传播速度越慢；另一个方面，轴向网格尺寸对反映纵向导波在锚杆中传播的频散特性有影响。在图 5-14c 中，到达锚杆底端的第二次和第三次信号波包，与图 5-14a 和图 5-14b 中的第二次和第三次信号波包相比，波包更扁更宽，很明显地反映了纵向导波传播的频散特性，而图 5-14a 中的第四次信号波包才与图 5-14c 中的第三个信号波包的频散特性接近。这说明轴向网格尺寸越小，数值模拟结果能够更准确地描述出纵向导波传播的频散特性。

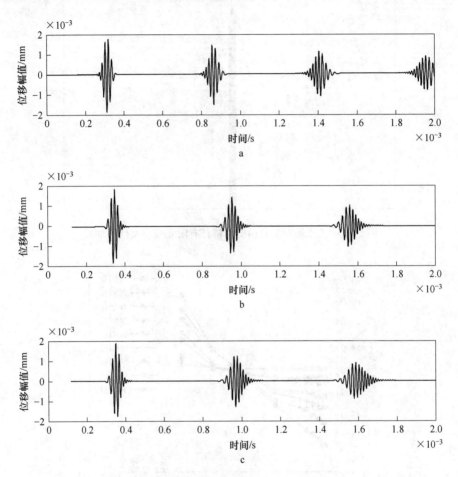

图 5-14　轴向网格尺寸对 60kHz 导波传播的影响

a—轴向网格尺寸 12.5mm；b—轴向网格尺寸 5mm；c—轴向网格尺寸 1.25mm

在锚杆轴向网格尺寸已经确定的情况下，通过改变径向网格的尺寸，计算得到的径向网格尺寸对导波传播速度的影响如图 5-15 所示。从图 5-15 可以看出，当锚杆径向网格尺寸不大于 1mm 时，同频率导波的传播速度恒定不变。

图 5-16 反映了相同信号激发条件下，径向网格尺寸的变化对 60kHz 导波传播的影响。从图中可知，三种径向网格尺寸的数值模拟结果基本吻合，说明径向网格尺寸的选择是合适的。

根据以上的分析，可以得到导波数值模拟的网格划分标准，见表 5-3。

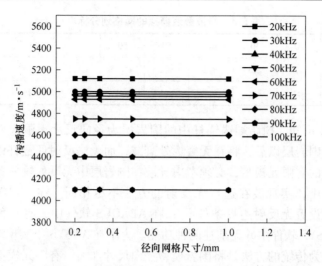

图 5-15 径向网格尺寸对导波传播速度的影响

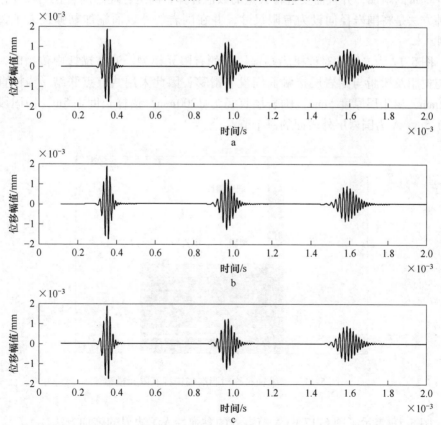

图 5-16 径向网格尺寸对 60kHz 导波传播的影响

a—径向网格尺寸 1mm；b—径向网格尺寸 0.33mm；c—径向网格尺寸 0.2mm

表 5-3　导波数值模拟的网格划分标准

频率/kHz	20	30	40	50	60	70	80	90	100
轴向尺寸/mm	≤10	≤5	≤2	≤2	≤1.5	≤1.5	≤1.5	≤1.25	≤1.25
径向尺寸/mm	≤1	≤1	≤1	≤1	≤1	≤1	≤1	≤1	≤1

由图 5-11 可知，树脂端锚锚杆中的围岩层为径向尺寸无限大介质，即导波从锚杆传播至围岩层以后，将在无穷远处衰减，而无法反射回锚杆中。所以建立树脂端锚锚杆的有限元模型，必须考虑导波在围岩层中无反射这一条件。在不同的有限元软件中，实现波在边界无反射的方法不尽相同。在 LS-DYNA 软件中，可以在围岩层设置无反射边界条件[55]；在 ABAQUS 软件中，有一种无限单元设置[56]；而 ANSYS 软件中并无前述两种功能。为了在 ANSYS 中实现波在围岩层无反射，一种较为传统的方法是将围岩模型径向尺寸加大。有限元模型的增大意味着计算量的增加，并且需要进行大量的数值计算，确定合理的围岩径向尺寸；另一种方法是将围岩径向设为有限尺寸，并在围岩的外表面施加黏弹性人工边界条件[57]。

图 5-17 为二维轴对称树脂端锚锚杆的有限元模型。波在锚杆中传播时，锚杆与树脂及树脂与围岩层接触面间没有滑移，因此采用共节点联结。锚杆直径 ϕ22mm，树脂层厚度 5mm，围岩层直径为 ϕ200mm，锚杆长度 1.5m，锚固段长度 0.5m。A 为围岩层外表面的一个节点。

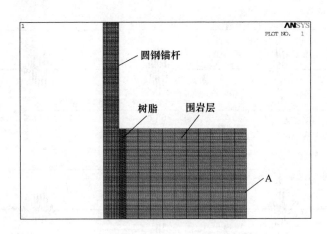

图 5-17　二维轴对称树脂端锚锚杆有限元模型

图 5-18 表示了图 5-17 中 A 节点处的黏弹性人工边界的施加方法。

对于二维轴对称树脂端锚锚杆中的波动问题，黏弹性人工边界的实现即对 A 节点施加沿着轴向 z 和径向 r 的两个弹簧阻尼单元 COMBIN14。图中 K_z 和 K_r 分别

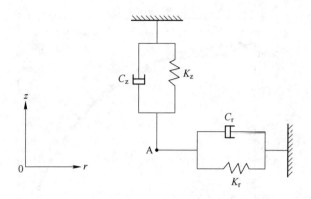

图 5-18　黏弹性人工边界的施加

为轴向和径向的弹簧刚度，C_z 和 C_r 分别为轴向和径向阻尼器的阻尼系数。它们的表达式为[58]：

$$K_r = \alpha_r \frac{G_R}{r}, \ C_r = \rho_R c_p \tag{5-5}$$

$$K_z = \alpha_z \frac{G_R}{r}, \ C_z = \rho_R c_s \tag{5-6}$$

式中，c_p 和 c_s 分别代表围岩层的纵波和横波波速；G_R 和 ρ_R 分别代表围岩层（Rock）的剪切模量和密度；r 为波源至人工边界的最短距离；α_r 和 α_z 为径向和轴向黏弹性人工边界条件修正系数，对于二维问题，α_r 通常取 1，α_z 通常取 0.5[59]。

　　在树脂端锚锚杆有限元模型，边界条件等因素已经确定的情况下，下一步将比较数值模拟和理论分析结果，验证数值模拟方法的正确性。

　　图 5-19 为自由圆钢锚杆中导波传播速度的理论和数值模拟结果比较。从图中可以看出，自由圆钢锚杆中导波传播速度的理论和数值模拟结果非常接近，最大误差出现在 30kHz，误差率仅为 2%。

　　导波在自由圆钢锚杆中传播的衰减值（attenuation）表示如下[60]：

$$\text{attenuation} = -\frac{20}{L} \lg \left(\frac{P}{P_{\text{ref}}} \right) \tag{5-7}$$

式中，P_{ref} 为参考波形的峰峰值；P 为波在锚杆中传播一定距离 L 后的峰峰值。以图 5-16a 为例，图中的第一个信号波包的峰峰值为 P_{ref}，而第二个信号波包的峰峰值即为 P，波在锚杆中传播的距离 L 为两倍的锚杆长度。

　　图 5-20 为导波在自由圆钢锚杆中传播的衰减值的理论和数值模拟结果比较。

　　由图 5-20 可知，当频率低于 70kHz 时，自由圆钢锚杆中导波的衰减理论值和数值模拟结果很接近，而频率高于 70kHz 时，误差增大。其原因为：频率增

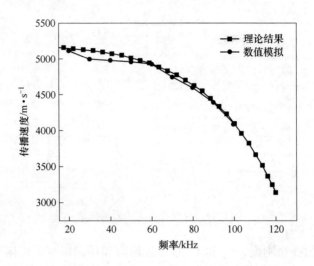

图 5-19　自由圆钢锚杆中导波传播速度的理论和数值模拟结果比较

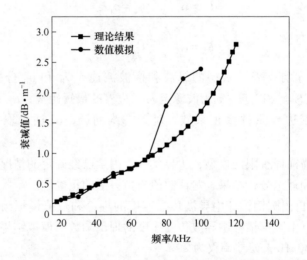

图 5-20　导波在自由圆钢锚杆中传播的衰减值的理论和数值模拟结果比较

大，导波在锚杆中传播时频散现象越严重，信号波包变宽，不易确定信号波包的峰峰值。

　　图 5-21 为树脂锚固锚杆中导波传播速度的理论和数值模拟结果比较。从图中可看出，数值模拟结果与理论结果吻合较好，最大误差出现在 60kHz，误差率仅为 2.5%。

　　图 5-22 为导波在树脂锚固锚杆中传播的衰减值的理论和数值模拟结果比较。

　　从图 5-22 可看出，导波在树脂锚固锚杆中传播的衰减值的数值模拟结果与

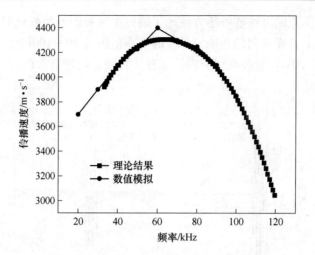

图 5-21　树脂锚固锚杆中导波传播速度的理论和数值模拟结果比较

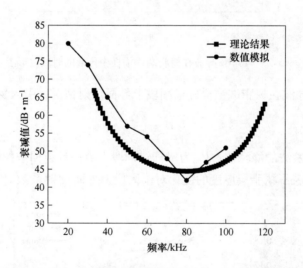

图 5-22　导波在树脂锚固锚杆中传播的衰减值的理论和数值模拟结果比较

理论结果存在一定的偏差，但是变化趋势上较为吻合。结果出现偏差的原因，一是导波的频散效应，二是数值模拟使用的树脂材料的衰减系数较理论值偏大。

5.2.3.3　数值模拟结果

实际工程中，锚杆安装施工质量的好坏直接影响到树脂层的厚度和弹性模量的变化。例如锚杆安装位置不处于孔洞中心，则树脂层的厚度将发生变化；因树脂药卷搅拌不均，树脂层的弹性模量与预期存在差异。另一方面，地质岩层长期处于潮湿的环境，岩层的弹性模量亦发生改变。

　　通过数值模拟的方法能够很方便地了解以上三种因素的变化对导波在树脂端锚锚杆锚固段上界面反射的影响。导波的频率范围为 20 ~ 100kHz。

　　图 5-23 是 70kHz 导波在树脂端锚锚杆中传播的时域波形图。

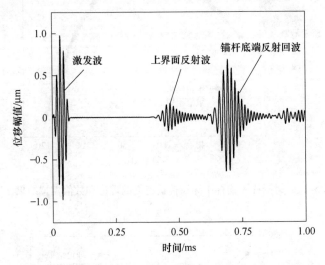

图 5-23　70kHz 导波在树脂端锚锚杆中传播的时域波形图

　　为了衡量导波在树脂端锚锚杆锚固段上界面反射情况，引入反射系数 R'

$$R' = \frac{P_{up}}{P_{ex}} \tag{5-8}$$

式中，P_{ex} 为激发波的峰峰值；P_{up} 为锚杆锚固段上界面反射回波的峰峰值。

　　图 5-24 反映了树脂层厚度的变化对锚固段上界面反射系数 R' 的影响。从图

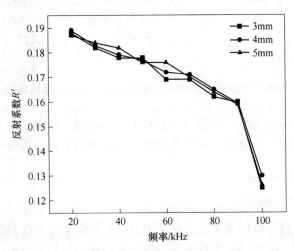

图 5-24　树脂层厚度的变化对反射系数 R' 的影响

中可以看出，随着频率的增大，三种树脂层厚度对应的反射系数 R' 均减小；从总体上看，同一激发波频率下，5mm 树脂层厚度对应的反射系数要大于其他两种树脂层厚度对应的反射系数，3mm 树脂层厚度对应的反射系数是三种树脂层厚度中最小的；但是三种树脂层厚度对应的反射系数 R' 差距很小。最大的差距发生在 60kHz，差距值仅为 0.007。

图 5-25 反映了锚固层弹性模量的变化对导波在锚固段上界面的反射系数 R' 的影响。由图 5-25 可知，随着频率的增大，三种树脂层弹性模量对应的反射系数 R' 均减小；并且在同一频率下，树脂层弹性模量越大，对应的反射系数也越大；但是三种树脂层弹性模量对应的反射系数 R' 差距很小。

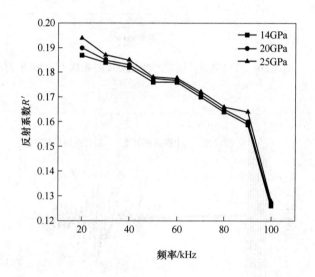

图 5-25　树脂层弹性模量的变化对反射系数 R' 的影响

由图 5-26 可以看出，围岩层的弹性模量的变化对导波在锚固段上界面的反射系数 R' 不产生影响。换句话说，只有与锚杆直接接触的树脂层的参数发生改变才能引起反射系数 R' 的变化。

5.2.4　导波在锚杆锚固段上界面反射的实验研究及讨论

根据树脂端锚锚杆有限元模型的尺寸建立实验模型。实验模型的制作方式参照文献［61］。利用实验平台一，并选用传感器 I（R6α）对实验模型进行检测，研究导波在锚固段上界面的反射情况。因传感器 I 的工作频率范围为 35 ~ 100kHz，所以测试的频率范围设定在 40 ~ 100kHz。

图 5-27 为实验所得 70kHz 导波在树脂端锚锚杆中传播的时域波形图。

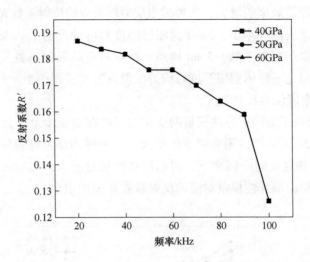

图 5-26　围岩层弹性模量的变化对反射系数 R' 的影响

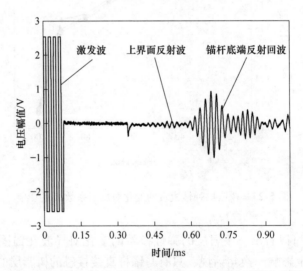

图 5-27　70kHz 导波在树脂端锚锚杆中传播的时域波形图

实验所得导波在锚固段上界面的反射系数 R' 和频率的关系如图 5-28 所示。

图 5-28 的实验结果与图 5-26 的数值模拟结果存在较大的差异。差异在于：

（1）当频率大于 40kHz 时，实验所得反射系数 R' 随着频率的增大而增大，在 55kHz 左右，反射系数 R' 达到最大值。然后随着频率的增大，反射系数 R' 逐渐减小；数值模拟所得反射系数 R' 随着频率的增大而单调递减。

（2）在同一频率下，数值模拟所得反射系数 R' 要大于实验值。例如 60kHz

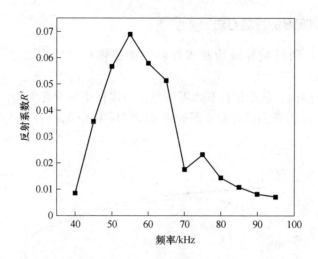

图 5-28 导波在锚固段上界面的反射系数 R' 和频率的关系

时，数值模拟所得反射系数 R' 约为 0.175，而实验所得反射系数 R' 约为 0.06，差距非常明显。其原因解释如下：

一方面，实验所用传感器 I 具有谐振频率（约为 55kHz），又称峰值频率。当激发波频率与传感器的谐振频率接近时，通过传感器进入锚杆中的导波能量就要大于其他频率。甚至于如果激发波频率不在传感器的工作范围以内，其大部分乃至全部的能量将被传感器过滤掉，从而无法进入锚杆。所以图 5-28 中的 55kHz 纵向导波对应的上界面反射系数最大；另一方面，传感器与锚杆接触面间存在耦合，但毕竟不是同一种材料，所以导波从传感器经由耦合剂进入锚杆中时存在能量耗损。

以上两种原因造成了同等激发信号的条件下，锚杆锚固段上界面反射系数 R' 的数值模拟和实验结果存在较大的差异。

5.3 水泥砂浆端锚锚杆低频导波检测的实验研究

水泥砂浆锚固锚杆的锚固密实度是评价锚杆和水泥砂浆黏结耦合程度的指标。水泥砂浆和锚杆接触面间存在的脱锚或空穴现象是影响锚固密实度的主要因素，而锚固密实度的大小又直接关系到锚固质量的好坏及极限锚固力。

研究人员尝试利用应力波对锚杆的锚固密实度进行检测，从而评价锚杆的锚固质量。他们根据应力波在锚杆底端的反射特征，建立了锚固质量分级标准[62,63]。例如底端没有反射波，代表锚固密实度高，应力波在锚固锚杆中传播的衰减大，所以锚固质量优；底端有多次强反射，代表锚固密实度低，应力波在锚固锚杆中传播的衰减下，所以锚固质量不合格。

5.3.1 锚固密实度的检测方法

本节提出利用低频导波检测水泥砂浆端锚锚杆锚固密实度的方法。具体
如下：

100kHz 范围内，圆钢锚杆和水泥砂浆锚固锚杆中只存在 L(0，1) 模态的纵
向导波。图 5-29 为圆钢锚杆和水泥砂浆锚固锚杆中 L(0，1) 模态导波的能量速
度对比图。

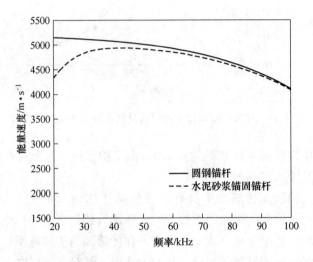

图 5-29 圆钢锚杆和水泥砂浆锚固锚杆中 L(0，1) 模态导波的能量速度对比

从图 5-29 可以看出，在 100kHz 范围内，导波在圆钢锚杆中的传播速度（定
义为 c_1） 要大于在水泥砂浆锚固锚杆中的传播速度（定义为 c_2）。并且随着频率
的增大，两种传播速度的差距在逐渐减小。50kHz 时，c_2 与 c_1 的差距约 80m/s，
60kHz 时约为 50m/s。

图 5-30 是一个锚固段存在脱锚缺陷的水泥砂浆锚固锚杆模型。图中，L_1 是
锚杆的自由段，L_2 是锚杆的锚固段，L_3 是水泥砂浆与锚杆接触面间的脱锚段长
度。设锚杆直径为 $\phi 22$mm，长为 1m，L_2 为 0.5m。将图中的锚固段上界面定义
为 A 界面，锚杆底端界面定义为 B 界面。

锚固锚杆的脱锚段可以看作是自由圆钢锚杆。低频导波从锚杆的锚固部分进
入脱锚部分时，传播速度加快，这意味着锚杆底端反射回波时间将缩短，即锚杆
底端反射回波和锚固段上界面反射回波的时间差 Δt_{AB} 将发生变化。Δt_{AB} 的表达
式为：

$$\Delta t_{AB} = 2 \left(\frac{L_2 - L_3}{c_2} + \frac{L_3}{c_1} \right) \tag{5-9}$$

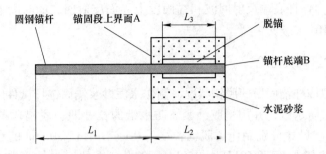

图5-30　锚固段存在脱锚缺陷的水泥砂浆锚固锚杆模型

　　一般情况下，导波在圆钢锚杆中的传播速度 c_1 要大于在水泥砂浆锚固锚杆中的传播速度 c_2，并且从式（5-9）可知，c_2 与 c_1 的差距越大，时间差 Δt_{AB} 的值越大。

　　通过测量时间差 Δt_{AB} 的变化，既能够确定脱锚段长度 L_3，进而由式（5-10）确定锚固密实度（compactness）的大小。

$$\text{compactness} = \frac{L_2 - L_3}{L_2} \tag{5-10}$$

　　图5-31 为根据式（5-16）理论计算得到的 50kHz 和 60kHz 的 L(0，1) 模态导波的锚杆底端反射回波和锚固段上界面反射回波的时间差 Δt_{AB} 与脱锚段长度 L_3 的关系图。从图中可以看出，时间差 Δt_{AB} 与脱锚段长度 L_3 呈递减关系，且近似为线性。当 L_3 为 0 时，代表锚杆的锚固密实度达到 100%，而 L_3 增大到 0.5m 时，代表锚杆与水泥砂浆无接触，锚固密实度为 0。以 50kHz 导波为例，L_3 从 0

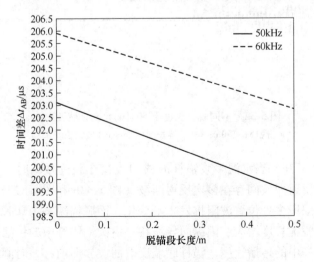

图5-31　时间差 Δt_{AB} 与脱锚段长度 L_3 的关系

增大到 0.5m，锚杆底端反射回波和锚固段上界面反射回波的时间差 Δt_{AB} 减小了约 $4\mu s$ （$1 \times 10^{-6} s$ 级）。

5.3.2　实验研究及讨论

为了模拟锚杆锚固段的脱锚状况，制作水泥砂浆锚固锚杆试件时，在锚杆表面握裹了一层防水纸，并用塑胶缠紧。防水纸的长度即为脱锚段的长度。根据图 5-30 的模型尺寸分别制作了脱锚长度为 0m、0.1m 和 0.3m 的水泥砂浆锚固锚杆。不同脱锚长度下 50kHz 和 60kHz 检测结果的时域波形如图 5-32 和图 5-33 所示。

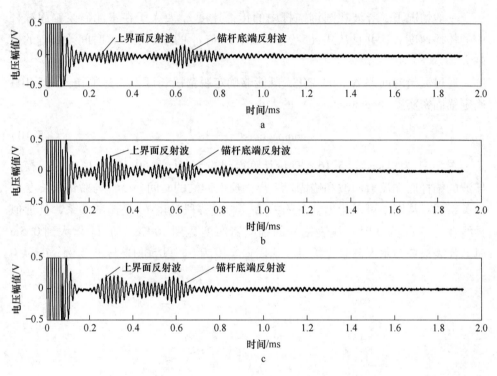

图 5-32　不同脱锚长度下 50kHz 导波时域波形图

a—脱锚长度 0m；b—脱锚长度 0.1m；c—脱锚长度 0.3m

由图 5-32 可知，当水泥砂浆锚杆的锚固段存在脱锚缺陷时，上界面反射回波和锚杆底端反射回波间存在多次反射回波（图 5-32b 和图 5-32c），这是由于脱锚缺陷引起锚固段多处位置波阻抗发生了变化，而脱锚缺陷为 0 时不存在这种情况。并且随着脱锚长度增大，因纵向导波在自由圆钢锚杆中的传播速度大于在水泥砂浆锚固锚杆中的传播速度，锚杆底端反射回波波形前移，时间缩短。以上解释对于图 5-33 的实验结果仍然适用。

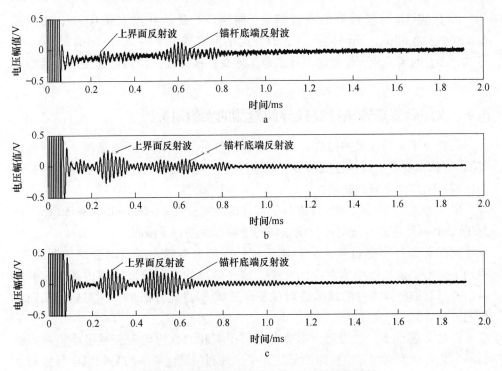

图 5-33 不同脱锚长度下 60kHz 导波时域波形图

a—脱锚长度 0m；b—脱锚长度 0.1m；c—脱锚长度 0.3m

图 5-34 反映了时间差 Δt_{AB} 与脱锚段长度 L_3 关系的实验结果。从图中可以看出，随着脱锚段长度的增大，上界面反射回波和锚杆底端反射回波的时间差 Δt_{AB} 逐渐减小，这与图 5-31 的理论分析结果趋势相同。

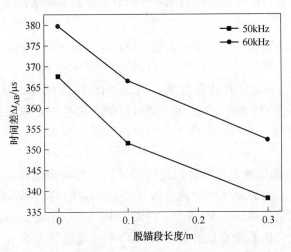

图 5-34 时间差 Δt_{AB} 与脱锚段长度关系的实验结果

对于 50kHz 导波检测的实验结果，脱锚段长度从 0 增大到 0.3m，时间差 Δt_{AB} 减小了近 $30\mu s$，而时间差 Δt_{AB} 的理论结果仅减小了约 $2.5\mu s$。由式（5-16）可知，Δt_{AB} 的实验和理论值的差异来源于导波在锚杆锚固段传播速度的实验值小于理论值。

5.4　水泥砂浆端锚锚杆高频导波检测的实验研究

长期处于支护状态的锚杆，由于地下条件的恶劣性（例如潮湿，岩层运动等），杆体本身会出现锈蚀或断裂。因锚杆支护属于隐蔽工程，无法通过目视的手段检查锚杆体本身的缺陷。

Reis 等人[64]对螺纹钢锚杆进行了加速腐蚀实验（accelerated corrosion testing，ACT），并利用弯曲导波对螺纹钢锚杆的锈蚀程度进行了检测。

何存富等人[65]通过理论分析圆钢锚杆中的高频纵向导波的衰减频散曲线，得到了一系列衰减极小值对应的频率，这些频率的纵向导波能够传播较远的距离，并可对锚杆体本身的缺陷进行检测。吴斌[66]将此方法推广到对树脂锚固锚杆的杆体检测。

针对文献［65］的工作，本节尝试利用实验的方法确定衰减极小值对应的频率，此处称为高频导波检测的最优频率，并利用最优频率的高频纵向导波对水泥砂浆锚固锚杆进行检测。

5.4.1　自由圆钢锚杆中的高频纵向导波实验

最优检测频率的高频纵向导波在锚杆中传播时，衰减程度相对于其他频率纵向导波要小，传播距离更远。所以锚杆类似于一个过滤体，其他频率的导波在锚杆中传播一定距离以后，因衰减而消失，但是最优检测频率的纵向导波信号仍然能够被采集到。

为了获得自由圆钢锚杆中高频纵向导波检测的最优频率值，可以利用一个频带较宽的导波信号对锚杆进行检测。所以首先利用实验平台二（图 5-5）对直径 $\phi22mm$，长 1m 的圆钢锚杆进行检测，结果如图 5-35 所示。从图 5-35 可以看出，锚杆底端的反射回波中存在多个信号波包，这些波包即为最优检测频率的高频纵向导波模态，这些导波模态之间存在时间差，表示它们的传播速度存在差异。

对图 5-35 中的锚杆底端反射回波信号波包进行功率谱密度分析，能够提取出高频纵向导波检测的最优频率成分及这些频率对应的功率谱密度（即信号能量）的大小，其结果如图 5-36 所示。由图 5-36 可知，各最优检测频率的高频纵向导波在锚杆中的功率谱密度存在差异。功率谱密度最大值对应的频率即为图 5-35 锚杆底端反射回波中幅值最大的信号波包的频率值。

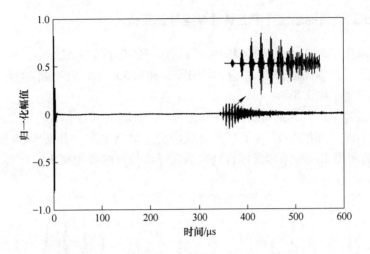

图 5-35　圆钢锚杆中高频导波的时域波形图

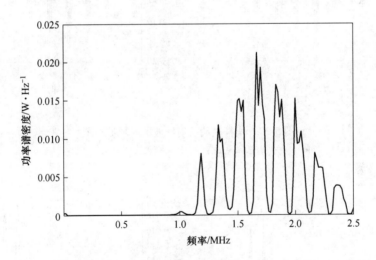

图 5-36　锚杆底端反射回波的功率谱密度分析

表 5-4 为圆钢锚杆高频导波检测的最优频率的实验值与文献［65］的理论值的比较。从表 5-4 可以看出，实验结果与理论值很接近。

表 5-4　自由圆钢锚杆中最优检测频率的实验值和理论值比较

项　目	最优检测频率/MHz								
实验值	1.017	1.183	1.333	1.520	1.697	1.863	2	2.197	2.35
理论值	×	1.189	1.366	1.541	1.724	1.898	2.076	2.253	2.43

5.4.2　水泥砂浆锚固锚杆中的高频纵向导波实验

分别制作了两个水泥砂浆锚固锚杆试件。锚杆直径为 $\phi22\text{mm}$，长为 1m。试件一和试件二的锚固段长度 L_2 分别为 0.2m 和 0.5m，对应的锚杆的自由段长度 L_1 分别为 0.8m 和 0.5m。

利用实验平台二分别对试件一和试件二进行检测，得到了锚杆底端反射回波的时域波形图（如图 5-37 所示）及对应的功率谱密度图（如图 5-38 所示）。表 5-5 为实验所得水泥砂浆锚固锚杆高频纵向导波检测的最优频率。

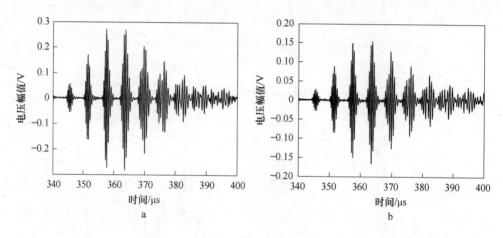

图 5-37　锚杆底端反射回波的时域波形图
a—试件一；b—试件二

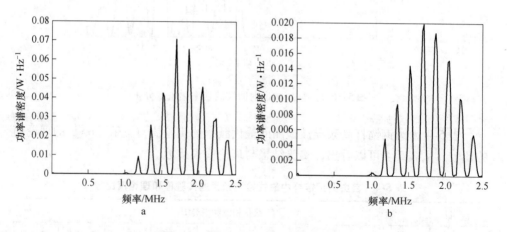

图 5-38　锚杆底端反射回波的功率谱密度
a—试件一；b—试件二

表 5-5 水泥砂浆锚固锚杆中最优检测频率的实验值

试 件	最优检测频率/MHz								
试件一	1.017	1.183	1.35	1.517	1.699	1.867	2.05	2.22	2.36
试件二	1.017	1.183	1.352	1.5164	1.71	1.867	2.05	2.21	2.365

比较表 5-4 和表 5-5，结果表明：圆钢锚杆和水泥砂浆锚固锚杆高频纵向导波检测的最优频率值差异不大，所以可以利用圆钢锚杆中的最优频率对水泥砂浆锚固锚杆进行检测。

利用实验平台一和传感器 Ⅱ，选用最优检测频率 1.183MHz，周期数 200 经汉宁窗调制的正弦波信号分别对自由圆钢锚杆、试件一和试件二进行检测，得到了锚杆底端反射回波的时域波形图（如图 5-39 所示）及对应的功率谱密度图（如图 5-40 所示）。由图 5-39 可知，锚杆底端反射回波的纵向模态单一；并且随着锚固长度的增大，锚杆底端反射回波的幅值逐渐减小，代表导波在锚杆中的衰减增大。从图 5-40 的锚杆底端反射回波的功率谱密度图也能够看出，导波在自由圆钢锚杆底端反射回波的功率谱密度值（图 5-40a）最大，而锚固长度 0.5m 试件的功率谱密度值（图 5-40c）最小。

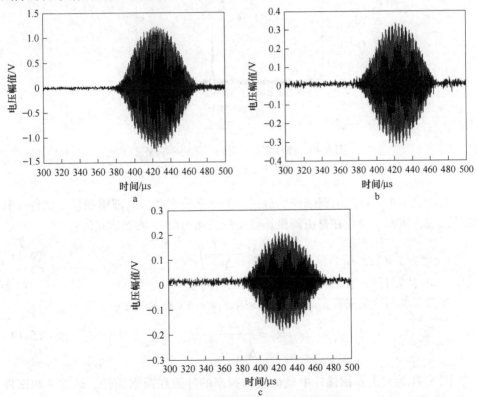

图 5-39 锚杆底端反射回波的时域波形图
a—自由圆钢锚杆；b—试件一；c—试件二

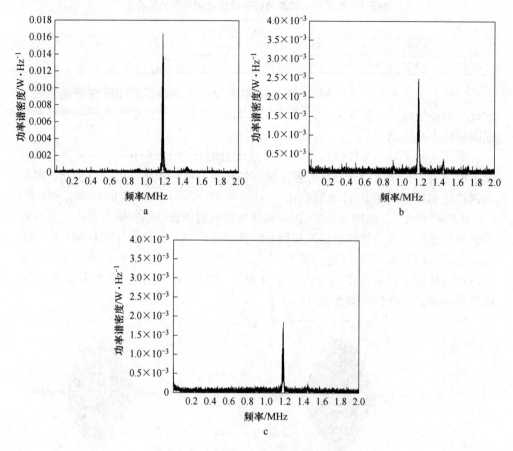

图 5-40　锚杆底端反射回波的功率谱密度

a—自由圆钢锚杆；b—试件一；c—试件二

利用表 5-4 中自由圆钢锚杆的最优检测频率分别对自由圆钢锚杆、试件一和试件二进行检测。导波在自由圆钢锚杆中的传播速度 c_1 的表达式为：

$$c_1 = 2\left(\frac{L_1 + L_2}{\Delta t_1}\right) \tag{5-11}$$

式中，Δt_1 为锚杆底端反射回波与激发波的时间差。

导波在水泥砂浆锚杆锚固段中的传播速度 c_2 的表达式为：

$$c_2 = \frac{2L_2}{\Delta t_1 - 2\dfrac{L_1}{c_1}} \tag{5-12}$$

图 5-41 为自由圆钢锚杆中最优检测频率的导波在圆钢锚杆、试件一和试件二的锚固段的传播速度比较图。

从图 5-41 可知，自由圆钢锚杆最优检测频率的导波在圆钢锚杆和水泥砂浆锚杆锚固段中的传播速度差距不大。即可以使用圆钢锚杆导波检测的最优频率及其对应的导波传播速度对水泥砂浆锚固锚杆的杆体缺陷进行定位。

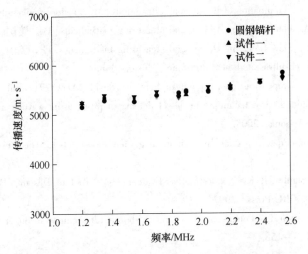

图 5-41 最优检测频率纵向导波在锚杆中传播速度的比较

5.4.3 水泥砂浆锚固锚杆体缺陷的高频纵向导波检测

为了验证图 5-42 得到的结论，设计了一个水泥砂浆全锚锚杆试件，在距锚杆顶端 69mm 处的杆体表面加工了一凹形槽，宽度为 5mm，深度为 5mm，以模拟锚杆体缺陷。选用自由圆钢锚杆中的最优检测频率 1.697MHz 和 2MHz 对锚杆体缺陷进行检测，结果如图 5-42 所示。从图中可以看出，锚杆体缺陷的反射回波非常明显。根据缺陷反射时间和最优检测频率的导波在自由圆钢锚杆中的传播速度，计算得到杆体缺陷的位置分别为 68.15mm 和 68.42mm，误差最大仅为 1.2%。

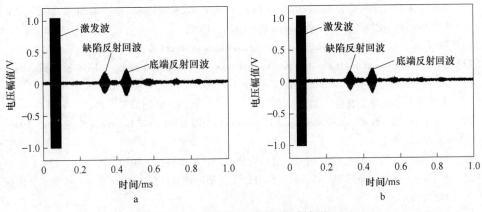

图 5-42 锚杆体缺陷的导波检测

a—1.697MHz；b—2MHz

参 考 文 献

［1］ Cobbold R S C. Foundation of Biomedical Ultrasound ［M］. Oxford University Press，2006.

［2］ Firestone F A. Flaw Detecting Device and Measuring Instrument ［P］. 美国，2280130，1940.

［3］ Firestone F A. Flaw Detecting Device and Measuring Instrument ［P］. 美国，2280226，1942.

［4］ http：//www. ob-ultrasound. net/ultrasonics_ history. html.

［5］ http：//www. olympus-ims. com/en/ndt-application/183-id. 209715271. html.

［6］ Ahmad R. Guided wave technique to detect defects in pipes using wavelet analysis ［D］. The University of Arizona，2005.

［7］ Guo Dongshan. Pipe inspection by cylindrical guided waves ［D］. The University of Arizona，2001.

［8］ Bray D E, Stanley R K. Nondestructive Evaluation：a Tool in Design，Manufacturing，and service ［M］. CRC Press，1997.

［9］ Durris L, Goujon L, Pelourson A, et al. Airborne ultrasonic transducer ［J］. Ultrasonic，1996，34：153~158.

［10］ Scruby C B, Moss B C. Non-contact ultrasonic measurements on steel at elevated temperatures ［J］. NDT&E International，1993，26（4）：177~188.

［11］ Grandia W A, Fortunko C M. NDE application of air-coupled ultrasonic transducers ［J］. IEEE ULTRASONICS SYMPOSIUM，1995，697~709.

［12］ Liu Zenghua, He Cunfu, Wu Bin, et al. Circumferential and longitudinal defect detetion using T(0，1) mode excited by thickness shear mode piezoelectric element ［J］. ULTRASONIC，2006，44：e1135~e1138.

［13］ Edward J, Owen Jr. Automatic transmit-receive switch uses no relays but handles high power ［J］. Journal of the Acoustical Society of America，1980，68（2）：712.

［14］ 刘增华，吴斌，李隆涛，等. 管道导波检测中信号选取的实验研究 ［J］. 北京工业大学学报，2006，32（8）：699~703.

［15］ Avioli M J. Lamb wave inspection for large cracks in centrifugally cast stainless steel ［R］. EPRI report RP2405-23，Georgetown University，1988.

［16］ Randall R B. Frequency Analysis ［M］. Copenhagen：Bruel & Kjaer，1977.

［17］ Sachse W, Pao Yih-Hsing. On the determination of phase and group velocities of dispersive waves insolids ［J］. Journal of Applied Physics，1978，49（8）：4320~4327.

［18］ 尤丽华，高龙琴，林晖. 测试技术 ［M］. 北京：机械工业出版社，2002.

［19］ Gabor D. Theory of communication ［J］. Journal of the Institute of Electrical Engineers，1946，93：429~457.

［20］ 黄小娜，石砚. 脑电 EEG 信号的分析方法 ［J］. 甘肃科技，2010，26（9）：17~18.

［21］ 董长虹，高志，余啸海. Matlab 小波分析工具箱原理与应用 ［M］. 北京：国防工业出版社，2004.

［22］ 赵彩萍，王维斌，何存富，等. 基于神经网络的导波管道缺陷识别 ［J］. 传感器与微系统，2009，28（11）：18~24.

[23] 李义，张昌锁，王成. 锚杆锚固质量无损检测几个关键问题的研究 [J]. 岩石力学与工程学报，2008，27（1）：108～116.

[24] 刘海峰，杨维武，李义. 锚杆锚固质量动测法底端反射显现规律研究 [J]. 辽宁工程技术大学学报，2003，23（1）：41～43.

[25] Bertholf L D. Numerical solutions to two-dimensional elastic wave propagation in finite bars [J]. Journal of Applied Mechanics，1967，34：725～734.

[26] Alterman Z. Finite difference solutions to geophysical problems [J]. Journal of Physic of the earth，1972，16：113～128.

[27] Harumi K，Suzuki F，Saito T. Computer simulation of nearfield for elastic wave in a solid half-space [J]. Journal of the Acoustical Society of America，1973，53：600～664.

[28] Bond L J. Methods for the computer modelling of ultrasonic waves in solids [J]. Research Techniques in NDT，1982，6：107～150.

[29] Harker A J. Elastic waves in solids with applications to NDT of pipelines [M]. Portsmouth：Grosvenor Press，1989.

[30] Saffari N，Bond L J. Mode conversion phenomena at surface breaking cracks for defect characterization [J]. IEEE ULTRASONICS SYMPOSIUM，1983：960～964.

[31] Kriz R D，Gary J M. Numerical simulation and visualization models of stress wave propagation graphite/epoxy composites [J]. Review of Progress in Quantitative nondestructive evaluation，1989，9a：125～132.

[32] Temple J. Modelling the propagation and scattering of elastic waves in inhomogeneous anisotropic media [J]. Journal of Physics. D：Applied Physics，1988，21：857～874.

[33] 郑国武，王湖庄，陈抗生. 一种用于研究圆柱形导波结构的时域分析方法 [J]. 微波学报，1993，2：12～17.

[34] 曹结东，李永池，胡秀章，等. 横观各向同性平板中复合应力波的传播规律研究 [J]. 2007，39（9）：1466～1469.

[35] 杨春艳. FDM 法在计算波导截止频率和衰减常数中的应用 [D]. 昆明：云南师范大学，2005.

[36] 岳向红. 基于小波神经网络的锚杆锚固质量分析 [D]. 武汉：中国科学院武汉岩土力学研究所，2005.

[37] Courant R，Friedrichs K，Lewy H. On the partial differential equations of mathematical physics [J]. IBM Journal of Res. and Dev.，1967，11：215～234.

[38] Smith W D. The application of finite element analysis to baby wave propagation problems [J]. Geophysical Journal of Royal Astronomical Society，1975，42：747～768.

[39] Pavlakovic B N. Leaky guided ultrasonic waves in NDT [D]. London：Imperial College，1998.

[40] Hitchings. FE77 User Manual [M]. London：Imperial College，1994.

[41] Vogt T，Lowe M，Cawley P. The scattering of guided waves in partly embedded cylindrical structures [J]. Journal of the Acoustical Society of America，2003，113（3）：1258～1272.

[42] Vogt T，Lowe M J S，Cawley P. Cure monitoring using ultrasonic guided waves in wires [J].

Review of Progress in Quantitative nondestructive evaluation, 2001, 20: 1642 ~ 1649.

［43］林华长，王成，宁建国，等. 金属杆锚固系统在瞬态激励下的动态响应［J］. 力学与实践，2005，27（5）：3 ~ 42.

［44］张昌锁，李义，赵阳升，等. 锚杆锚固质量无损检测中的激发波研究［J］. 岩石力学与工程学报，2006，25（6）：1241 ~ 1425.

［45］Cho Younho, Rose J L. An elastodynamic hybrid boundary element study for elastic guided wave interactions with a surface breaking defect［J］. International Journal of Solids and Structures, 2000, 37（23）: 4103 ~ 4124.

［46］Cho Younho, Rose J L. A boundary element solution for a mode conversion study on the edge reflection of Lamb waves［J］. Journal of the Acoustical Society of America, 1996, 99（4）: 2097 ~ 2109.

［47］黄瑞菊. 边界元法在兰姆波无损检测中的应用［D］. 上海：同济大学，2001.

［48］他得安. 超声纵向导波在管状结构中的传播特性研究［D］. 上海：同济大学，2002.

［49］博弈创作室. ANSYS 9.0 经典产品基础教程与实例详解［M］. 北京：中国水利水电出版社，2006.

［50］Alleyne D, Cawley P. A two-dimensional Fourier transform method for measurement of propagation multimode signals［J］. Journal of the Acoustical Society of America, 1991, 89（3）: 1159 ~ 1168.

［51］Morser F. Application of Finite Element Methods to study transient wave propagation in elastic wave guides［D］. Atlanta: Georgia Institute of Technology, 1997.

［52］Morser F, Jacobs L J, Qu L. Modeling elastic wave propagation in wave guides with the Finite Element Method［J］. NDT&E International, 1999, 32: 225 ~ 234.

［53］Zhang C S, Zou D H, Madenga V. Numerical simulation of wave propagation in grouted rock bolts and the effects of mesh density and wave frequency［J］. International Journal of Rock Mechanics & Mining Sciences, 2006, 43: 634 ~ 639.

［54］Rose J L. 固体中的超声波［M］. 何存富，吴斌，王秀彦，译. 北京：科学出版社，2004.

［55］尚晓江，苏建宇，王化峰. ANSYS/LS-DYNA 动力分析方法与工程实例［M］. 北京：中国水利水电出版社，2008.

［56］费康，张建伟. ABAQUS 在岩土工程中的应用［M］. 北京：中国水利水电出版社，2010.

［57］Deeks A J. Randolph M F. Axisymmetric time-domain transmitting boundaries［J］. Journal of Engineering Mechancis, 1994, 120（1）: 25 ~ 42.

［58］刘晶波，谷音，杜义欣. 一致粘弹性人工边界条件及粘弹性边界单元［J］. 岩土工程学报，2006，28（9）：1070 ~ 1075.

［59］刘晶波，杜义欣，闫秋实. 粘弹性人工边界及地震动输入在通用有限元软件中的实现［J］. 防灾减灾工程学报，2007，27（增刊）：37 ~ 42.

［60］Pavlakovic B N, Lowe M J S, Cawley P. High-frequency low-loss ultrasonic modes in imbedded bars［J］. Journal of Applied Mechanics, 2001, 68: 67 ~ 75.

[61] 李义，王成. 应力反射波法检测锚杆锚固质量的实验研究 [J]. 煤炭学报，2000，25 (2)：160~164.

[62] 朱国维，彭苏萍，王怀秀. 高频应力波检测锚固密实度状况的试验研究 [J]. 2002，23 (6)：787~791.

[63] 汪明武，王鹤龄. 无损检测锚杆锚固质量的现场试验研究 [J]. 水文地质工程地质，1998，1：56~58.

[64] Reis H, Ervin B L, Kuchma D A, et al. Estimation of corrosion damage in steel reinforced mortar using guided waves [J]. Journal of Presssure Vessel Technology, 2005, 127：255~261.

[65] 何存富，孙雅欣，吴斌，等. 高频纵向导波在钢杆中传播特性的研究 [J]. 力学学报，2007，39 (4)：538~544.

[66] 吴斌，孙雅欣，何存富，等. 全长黏结型锚杆高频导波检测应用研究 [J]. 岩石力学与工程学报，2007，26 (2)：397~403.

6　锚固介质强度的导波检测

　　土木工程中，固体材料（例如胶凝材料，水泥砂浆、混凝土和沥青等）的强度的变化直接影响到工程质量的好坏[1]。而能够反映固体材料强度的一个主要因素为材料的弹性模量[2]。

　　土木工程材料的弹性模量可以通过材料的压缩实验获得，然而这种实验往往具有破坏性。因此，波动无损检测技术被逐步应用于确定固体的材料属性。

　　Papadakis 比较了三种合金材料中超声波的衰减和传播速度的变化[3]，之后他又提出了超声波检测处于固化期的环氧树脂的弹性模量的两种方法——反射波法和衰减法[4]。Rokhlin 等人[5]利用超声反射波法和相速度法评价了纤维复合材料的界面强度。Kuokkala 等人[6]利用磁致伸缩传感器在合金材料中激励超声波，并利用超声的衰减方法衡量了材料的弹性模量。Schneider 等人[7,8]利用激光超声传感器在钢筋表面激励表面波检测了涂层介质的强度。Voigt 等人[9~11]实验研究了初龄期的水泥砂浆和混凝土对传播速度的影响，Lee[12]和 Trtnik[13]也做过类似的实验工作。Madenga 等人[14]实验研究了整个 28 天龄期的混凝土对导波传播速度的影响。Vogt 等人[15~17]利用纵向导波检测的反射波法和衰减法确定了环氧树脂的弹性模量。Rong 等人[18,19]利用埋地管道作为波导，实验研究了导波在管道中的衰减性质，并建立了衰减值与土壤中纵波和横波波速的关系。Borgerson 分别用脉冲回波法[20]和透射传输法[21]实验研究了扭转导波在埋于水泥砂浆的波导中的传播幅值与水泥砂浆龄期间的关系。

　　国内，吴斌等人[22]利用埋于土壤中的杆作为波导，实验研究了导波在杆中的衰减性质，并以此评价了土壤的声学特性。张昌锁等人[23]通过实验和数值模拟的方法，研究了纵向导波的波速在埋于不同龄期水泥砂浆的波导中的变化趋势。

　　本章主要通过理论分析和数值模拟相结合的方法，研究扭转导波在埋于锚固介质的锚杆中的传播特性，并提出扭转导波评价锚固介质强度的方法。

6.1　理论分析

　　利用导波检测锚固介质的强度，又可称为波导法。即在锚固介质中预埋一波导（例如杆，管等材料），研究锚固介质对波导中传播的导波产生的影响，并提取出导波的某些传播特性（例如衰减，传播速度等），建立其与锚固介质材料属性的关系，达到检测的目的。

锚固介质强度的扭转导波检测模型如图 6-1 所示。

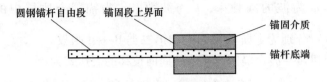

图 6-1 扭转导波检测模型

图 6-1 的检测模型仍可被称为端锚锚杆，由锚杆的自由段和锚杆的锚固段两部分组成，并且有两种介质——圆钢锚杆和锚固介质。该检测模型可视为一自由实心圆柱体结构和一双层实心圆柱体结构的组合，但与第 4 章的双层实心圆柱体结构不同的是：锚固介质的径向尺寸有限。

掌握扭转导波在端锚锚杆中的传播特性，是扭转导波检测锚固介质强度的前提和基础。图 6-1 中的锚杆自由段中扭转导波的传播特性已经在第 4 章中进行了详述，以下将进行扭转导波在锚杆锚固段（即锚固介质锚固锚杆）中传播特性的理论分析。

6.1.1 锚杆锚固段的扭转导波频散方程

圆钢锚杆的半径设为 r_1，锚固介质层的半径设为 r_2。

6.1.1.1 圆钢锚杆中的位移和应力

此处将圆钢锚杆定义为第一层介质，则

$$h_z^{(1)}(r) = C_1 J_0(\beta_1 r) \tag{6-1}$$

式中，C_1 为向外传播的横波的幅值，且为待定常数；$\beta_1^2 = \dfrac{\omega^2}{c_{s1}^2} - k^2$，$\omega$ 为波的圆频率，k 为波数，c_{s1} 为圆钢锚杆中的横波波速；$J_0(x)$ 为零阶的第一类 Bessel 函数。

由此可得扭转导波在圆钢锚杆中的周向位移的表达式为：

$$u_\theta^{(1)} = C_1 \beta_1 J_1(\beta_1 r) \, \mathrm{e}^{i(kz - \omega t)} \tag{6-2}$$

并可以得到扭转导波在圆钢锚杆中的剪应力 $\sigma_{r\theta}^{(1)}$ 为：

$$\sigma_{r\theta}^{(1)} = \mu_1 C_1 \left[\beta_1^2 J_0(\beta_1 r) - \frac{2\beta_1 J_1(\beta_1 r)}{r} \right] \mathrm{e}^{i(kz - \omega t)} \tag{6-3}$$

式中，μ_1 为圆钢锚杆的拉梅（Lamé）常数。

6.1.1.2 锚固介质中的位移和应力

此处将锚固介质定义为第二层介质，则

$$h_z^{(2)}(r) = C_2 J_0(\beta_2 r) + D_2 Y_0(\beta_2 r) \tag{6-4}$$

式中，C_2 和 D_2 分别代表向外和向内传播的横波的幅值，它们均为待定常数；$\beta_2^2 = \dfrac{\omega^2}{c_{s2}^2} - k^2$，$\omega$ 为波的圆频率，k 为波数，c_{s2} 为锚固介质层中的横波波速；$J_0(x)$ 和 $Y_0(x)$ 分别为零阶的第一类和第二类 Bessel 函数。

由此可得扭转导波在锚固介质中的周向位移的表达式为：

$$u_\theta^{(2)} = \left[C_2 \beta_2 J_1(\beta_2 r) + D_2 \beta_2 Y_1(\beta_2 r) \right] e^{i(kz - \omega t)} \tag{6-5}$$

并可以得到扭转导波在锚固介质中的剪应力 $\sigma_{r\theta}^{(2)}$ 为：

$$\sigma_{r\theta}^{(2)} = \mu_2 \left\{ \left[\beta_2^2 J_0(\beta_2 r) - \frac{\beta_2 J_1(\beta_2 r)}{r} \right] C_2 + \left[\beta_2^2 Y_0(\beta_2 r) - \frac{\beta_2 Y_1(\beta_2 r)}{r} \right] D_2 \right\} e^{i(kz - \omega t)}$$

$$\tag{6-6}$$

式中，μ_2 为锚固介质层的拉梅常数。

6.1.1.3　频散方程的建立

问题的边界条件为：

在 $r = r_1$ 的表面上，即锚杆与锚固介质层的接触面上

$$u_\theta^{(1)} = u_\theta^{(2)}, \quad \sigma_{r\theta}^{(1)} = \sigma_{r\theta}^{(2)} \tag{6-7}$$

在 $r = r_2$ 的表面上，即锚固介质的外表面上

$$\sigma_{r\theta}^{(2)} = 0 \tag{6-8}$$

将式（6-2）、式（6-3）、式（6-5）和式（6-6）代入边界条件式（6-7）和式（6-8）中，产生一组特征方程，方程的矩阵形式为

$$\left[M_{ij} \right] \cdot \left[N \right] = 0 \quad (i, j = 1, 2, 3) \tag{6-9}$$

其中 $N = \begin{bmatrix} C_1 & C_2 & D_2 \end{bmatrix}^T$，$\left[M_{ij} \right]$ 为 3×3 的系数矩阵。为使式（6-9）有非零解，其系数行列式必须为零，即：

$$\left| M_{ij} \right| = 0 \tag{6-10}$$

式（6-10）即为锚杆锚固段中扭转导波的频散方程。式中的系数为

$$M_{11} = \beta_1 J_1(\beta_1 r_1)$$

$$M_{12} = -\beta_2 J_1(\beta_2 r_1)$$

$$M_{13} = -\beta_2 Y_1(\beta_2 r_1)$$

$$M_{21} = \mu_1 \left[\beta_1^2 J_0(\beta_1 r_1) - \frac{2\beta_1 J_1(\beta_1 r_1)}{r_1} \right]$$

$$M_{22} = -\mu_2 \left[\beta_2^2 J_0(\beta_2 r_1) - \frac{\beta_2 J_1(\beta_2 r_1)}{r_1} \right]$$

$$M_{23} = -\mu_2 \left[\beta_2^2 Y_0(\beta_2 r_1) - \frac{\beta_2 Y_1(\beta_2 r_1)}{r_1} \right]$$

$$M_{31} = 0$$

$$M_{32} = \mu_2 \left[\beta_2^2 J_0(\beta_2 r_2) - \frac{\beta_2 J_1(\beta_2 r_2)}{r_2} \right]$$

$$M_{33} = \mu_2 \left[\beta_2^2 Y_0(\beta_2 r_2) - \frac{\beta_2 Y_1(\beta_2 r_2)}{r_2} \right]$$

6.1.2　扭转导波频散曲线的计算

理论计算中使用材料属性见表6-1。圆钢锚杆的直径为 ϕ22mm，锚固介质直径为 ϕ200mm。

表6-1　材料属性表

材　料	弹性模量 E/GPa	密度 ρ/kg·m^{-3}	泊松比 ν
圆钢锚杆	210	7850	0.3
锚固介质	30	2000	0.2

因为使用扭转导波检测锚固介质的强度，所以频散曲线的计算频率范围大于 20kHz。

图6-2 为理论计算得到的锚杆锚固段扭转导波的相速度频散曲线。从图中可以看出，20~75kHz 频率范围内，锚杆锚固段中存在 5 个模态的扭转导波：T(0，1)~T(0，5)。T(0，1) 模态没有截止频率，且相速度恒为 2500m/s，所以它为非频散的导波模态。T(0，2)~T(0，5) 模态均存在截止频率，且相速度随频率不断变化，所以它们均具有频散性。

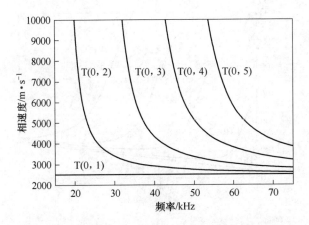

图6-2　锚杆锚固段扭转导波的相速度频散曲线

扭转导波在锚杆的锚固段存在衰减现象，图6-3和图6-4分别为理论计算得到的锚杆锚固段扭转导波的能量速度和衰减频散曲线。

由图6-3可知，$20 \sim 75 \text{kHz}$频率范围内，T(0，1)模态的能量速度恒定。T(0，2)~T(0，5)模态的能量速度随着频率的增大而逐渐增大。同频率下，T(0，1)模态的能量速度最大，T(0，5)模态的能量速度最小，即表示T(0，1)模态的导波信号能够最先被仪器采集得到。

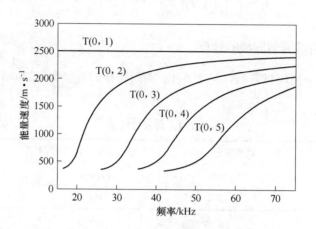

图6-3 锚杆锚固段扭转导波的能量速度频散曲线

图6-4中，T(0，1)模态的衰减值随着频率的增大线性递增。T(0，2)~T(0，5)模态的衰减值随着频率的增大先减小，然后再增大。同频率下，T(0，1)模态的衰减值最大，T(0，5)模态的衰减值最小，即表示T(0，1)模态比其他四种扭转导波模态的传播更远的距离。

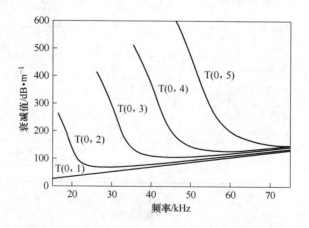

图6-4 锚杆锚固段扭转导波的衰减频散曲线

6.2　数值模拟

6.2.1　数值模拟的实现

由前述分析可以看出，扭转导波在锚杆中传播时，只存在周向位移，为了方便载荷信号的加载，建立了端锚锚杆的三维模型进行分析。

扭转导波的数值模拟仍使用有限元软件 ANSYS，并且激励信号的类型和周期数、计算方法、时间步长的设置与第 7 章中导波数值模拟一致。

因为选用的端锚锚杆的计算模型是三维模型，所以划分网格选用的单元为 SOLID45。SOLID45 是三维八节点的六面体单元。

数值模拟所用的材料参数见表 6-1。

图 6-5 为三维自由圆钢锚杆的有限元模型及扭转纵向导波的加载示意图。通过对锚杆一端面外围轮廓上的节点施加沿锚杆圆周方向的位移载荷，既能够实现扭转导波在锚杆中传播的数值计算。

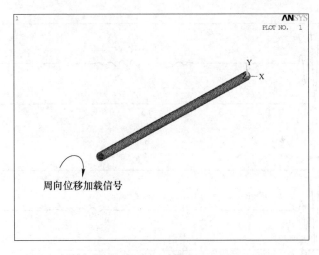

图 6-5　三维自由圆钢锚杆有限元模型及信号加载

扭转导波的数值模拟仍需要考虑网格的尺寸大小对计算结果的影响，并确定合适的网格尺寸。所以首先以直径 ϕ22mm，长为 1m 的自由圆钢锚杆为基础，研究圆钢锚杆的轴向网格尺寸、径向网格尺寸和周向网格尺寸的变化对扭转导波传播的影响。扭转导波信号的频率范围设为 20 ~ 70kHz。

首先设定圆钢锚杆的径向网格尺寸为 1mm，周向网格划分为 40 份，然后改变轴向网格尺寸。图 6-6 反映了相同信号激发条件下，轴向网格尺寸的变化对 40kHz 扭转导波传播的影响。采用脉冲回波法，在锚杆同一端面激励和接收位移信号。

　　如图 6-6a 所示，当轴向网格尺寸为 10mm 时，除激发波外，存在多处波形振荡，无法识别锚杆底端的反射回波；当轴向网格尺寸为 5mm 时（图 6-6b），波形较图 6-6a 平滑，但在 0.4s 和 0.55s 两处存在较明显的波形振荡，仍无法识别锚杆底端反射回波；轴向尺寸为 1mm 和 2mm 的数值模拟结果如图 6-6c 所示，图中波形平滑，仅在约 0.65s 处有一波形振荡，此振荡即为锚杆底端反射回波，可以断定此时轴向网格尺寸已经合格。

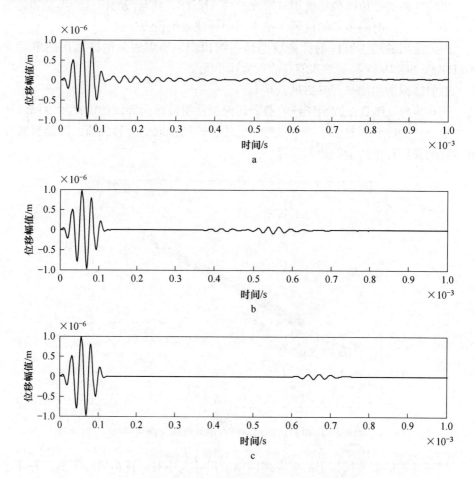

图 6-6　轴向网格尺寸对 40kHz 扭转导波传播的影响
a—轴向网格尺寸 10mm；b—轴向网格尺寸 5mm；c—轴向网格尺寸 1mm 和 2mm

　　图 6-7 和图 6-8 分别反映了径向网格尺寸和周向网格份数的变化对 40kHz 扭转导波传播的影响。径向网格尺寸为 1mm（图 6-7a）和 0.5mm（图 6-7b）的数值模拟结果吻合很好；同时周向网格份数为 30mm（图 6-8a）和 40mm（图 6-8b）的波形取得了较好一致性。说明径向网格和周向网格的划分已经合格。

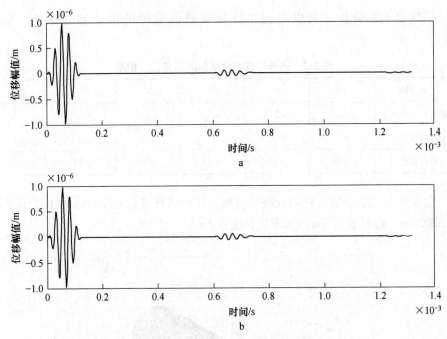

图 6-7 径向网格尺寸对 40kHz 扭转导波传播的影响

a—径向网格尺寸 1mm；b—径向网格尺寸 0.5mm

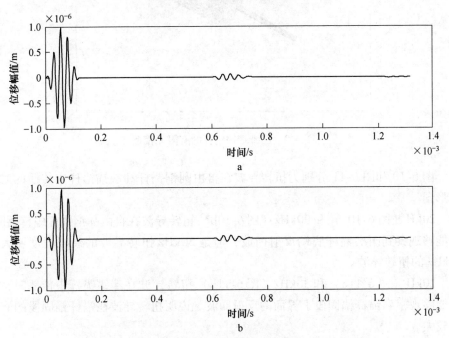

图 6-8 周向网格份数对 40kHz 扭转导波传播的影响

a—周向网格份数 30；b—周向网格份数 40

根据以上的分析，可以得到扭转导波数值模拟的网格划分标准，见表6-2。

表 6-2   扭转导波数值模拟的网格划分标准

频率/kHz	20	30	40	50	60	70
轴向尺寸/mm	≤5	≤2.5	≤2	≤1.5	≤1	≤1
径向尺寸/mm	≤1	≤1	≤1	≤1	≤1	≤1
周向份数	≥30	≥30	≥30	≥30	≥30	≥30

图6-9为三维端锚锚杆的有限元模型。其中锚杆直径 $\phi 22$mm，锚固介质直径为 $\phi 200$mm，锚杆长度1m，锚固段长度0.5m。

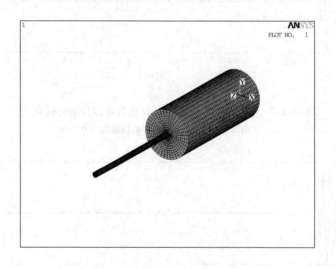

图6-9   三维端锚锚杆的有限元模型

图6-10和图6-11分别为扭转导波在自由圆钢锚杆和端锚锚杆中传播的时域波形图。

20kH（图6-10a）和30kHz（图6-10b）扭转导波在自由圆钢锚杆中传播时，均能够观察到两次锚杆底端反射回波，但是30kHz扭转导波的衰减程度要大于20kHz的扭转导波。

20kH（图6-11a）和30kHz（图6-11b）扭转导波在端锚锚杆中传播时，都只能够观察到锚杆锚固段上界面的反射回波。说明扭转导波在锚杆锚固段的衰减值较大。

图6-12和图6-13分别为自由圆钢锚杆中扭转导波的传播速度和衰减值的理论和数值模拟结果比较。

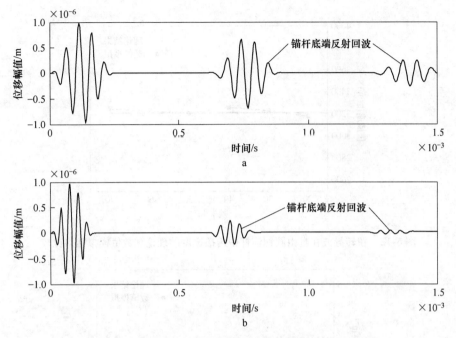

图6-10 扭转导波在自由圆钢锚杆中传播的时域波形图

a—20kHz; b—30kHz

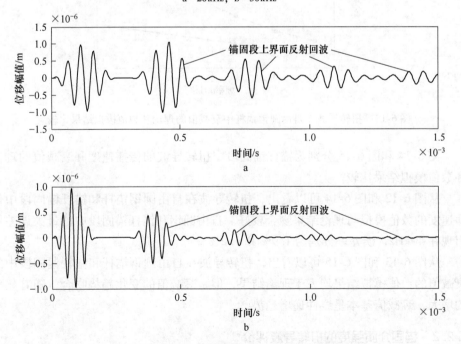

图6-11 扭转导波在端锚锚杆中传播的时域波形图

a—20kHz; b—30kHz

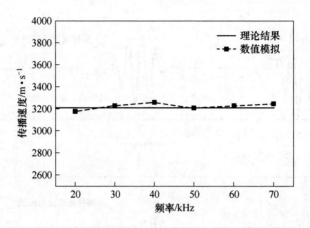

图 6-12　扭转导波在自由圆钢锚杆中传播速度的理论和数值模拟结果比较

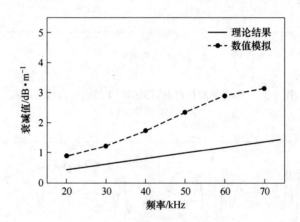

图 6-13　扭转导波在自由圆钢锚杆中衰减值的理论和数值模拟结果比较

　　图 6-14 和图 6-15 分别为锚杆锚固段中扭转导波的传播速度和衰减值的理论和数值模拟结果比较。

　　从图 6-12 和图 6-14 可以看出，扭转导波在自由圆钢锚杆和锚杆锚固段中传播速度的数值模拟与理论结果吻合较好。自由圆钢和锚杆锚固段中的最大误差均出现在 40kHz，误差率分别为 1.9% 和 1.2%。

　　从图 6-13 和图 6-15 可以看出，扭转导波在自由圆钢锚杆和锚杆锚固段中的衰减值的数值模拟结果均大于理论结果，但是衰减值的变化趋势吻合，随着频率的增大，衰减值基本呈线性递增趋势。

6.2.2　锚固介质强度的扭转导波评价

　　水泥砂浆的强度与龄期呈递增关系[14]。文献 [20] 建立了 250kHz 扭转导波

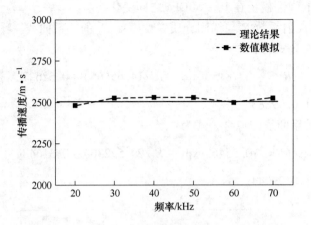

图 6-14　扭转导波在锚杆锚固段传播速度的理论和数值模拟结果比较

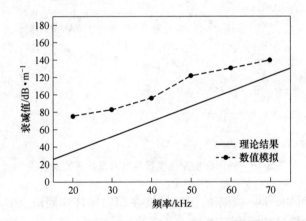

图 6-15　扭转导波在锚杆锚固段中衰减值的理论和数值模拟结果比较

在锚固段上界面反射回波幅值与水泥砂浆龄期的关系曲线，从而反映了反射回波与水泥砂浆强度间的关系，这种属于定性研究方法。

　　本节通过改变锚固介质的弹性模量，模拟不同的锚固介质强度，并数值计算了 30kHz 和 40kHz 两种频率的扭转导波在不同弹性模量的锚固介质锚固锚杆中的传播，尝试建立锚固段上界面反射回波与锚固介质强度的定量关系。

　　为了衡量导波在树脂端锚锚杆锚固段上界面反射情况，引入反射系数 R'

$$R' = \frac{P_{up}}{P_{ex}} \tag{6-11}$$

式中，P_{ex} 为激发波的峰峰值；P_{up} 为锚杆锚固段上界面反射回波的峰峰值。

锚固介质的弹性模量在 10 ~ 50GPa 之间变化。

图 6-16 为反射系数 R' 与锚固介质弹性模量 E_g 的关系曲线。图中，30kHz 的关系曲线的拟合公式为：

$$R' = -0.78156\exp(-E_g/14.65665) + 0.62697 \qquad (6-12)$$

相关系数达到了 0.99883。

40kHz 的关系曲线的拟合公式为：

$$R' = -0.35469\exp(-E_g/29.57236) + 0.31648 \qquad (6-13)$$

相关系数达到了 0.99944。

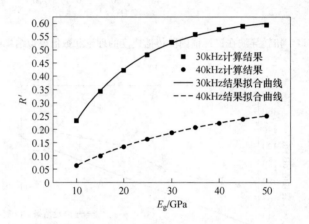

图 6-16　锚固介质弹性模量与反射系数的关系曲线

从图 6-16 可知，同一频率的扭转导波在端锚锚杆锚固段上界面的反射系数随锚固介质弹性模量的增大而增大。

在反射系数 R' 与锚固介质弹性模量 E_g 的关系曲线已经确定的情况下，通过测定反射系数的大小，既能够计算出锚固介质的弹性模量，从而实现锚固介质强度扭转导波检测的定量评价。

参 考 文 献

[1] 朋改非，冯乃谦. 土木工程材料 [M]. 武汉：华中科技大学出版社，2008.

[2] Akseli I, Becker D C, Centikaya C. Ultrasonic determination of Young's Moduli of the coat and core materials of a drug tablet [J]. International Journal of Pharmaceutics, 2009, 370: 17 ~ 25.

[3] Papadakis E P. Ultrasonic attenuation and velocity in three transformation products in steel [J]. Journal of Applied Physics, 1964, 35 (5): 1474 ~ 1482.

[4] Papadakis E P. Monitoring the moduli of polymers with ultrasonic [J]. Journal of Applied Phys-

ics, 1974, 45 (3): 1218～1222.

[5] Rokhlin S I, Huang W, Chu Y C. Ultrasonic scattering and velocity methods for characterization of fibre-matrix interphases [J]. Ultrasonic, 1995, 33 (5): 351～364.

[6] Kuokkala V T, Schwarz R B. The use of magnetostrictive film transducers in the measurement of elastic moduli and ultrasonic attenuation of solid [J]. Review of Scientific Instruments, 1992, 63 (5): 3136～3142.

[7] Schneider D, Schwarz T, Bradford A S, et al. Controlling the quality of thin films by surface acoutic waves [J]. Ultrasonic, 1997, 35: 345～356.

[8] Schneider D, Ollendorf H, Schwarz T. Non-destructive evaluation of the mechanical behaviour of TiN-coated steels by laser-induced ultrasonic surface waves [J]. Applied Physics A, 1995: 61: 277～284.

[9] Voigt T, Grosse C U, Sun Z, et al. Comparison of ultrasonic wave transmission and reflection measurements with P-and S-waves on early age mortar and concrete [J]. Materials and Structures, 2005, 38: 729～738.

[10] Voigt T, Akkaya Y, Shah S P. Determination of early age mortar and concrete strength by ultrasonic wave reflections [J]. Journal of Materials in Civil Engineering, 2003: 247～254.

[11] Voigt T, Malonn T, Shah S P. Gree and early age compressive of extruded cement mortar monitored with compression tests and ultrasonic techniques [J]. Cement and Concrete Research, 2006, 36: 858～867.

[12] Lee H K, Lee K M, Kim Y H, et al. Ultrasonic in-situ monitoring of setting process of high-performance concrete [J]. Cement and Concrete Research, 2004, 34: 631～640.

[13] Trtnik G, Turk G, Kav čičF, et al. Possibilities of using the ultrasonic wave transmission method to estimate initial setting time of cement paste [J]. Cement and Concrete Research, 2008, 38: 1336～1342.

[14] Madenga V, Zou D H, Zhang C. Effects of curing time and frequency on ultrasonic wave velocity in grouted rock bolts [J]. Journal of applied geophysics, 2006, 59: 79～87.

[15] Vogt T, Lowe M J S, Cawley P. The scattering of guided waves in partly embedded cylindrical structures [J]. Journal of the Acoustical Society of America, 2003, 113 (3): 1258～1272.

[16] Vogt T, Lowe M J S, Cawley P. Ultrasonic waveguided techniques for the measurement of material properties [J]. Review of Progress in Quantitative nondestructive evaluation, 2002, 21: 1742～1749.

[17] Vogt T, Lowe M J S, Cawley P. Cure monitoring using ultrasonic guided waves in wires [J]. Review of Progress in Quantitative nondestructive evaluation, 2001, 20: 1642～1649.

[18] Rong R, Vine K, Lowe M J S, et al. The effect of soil properties on acoustic wave propagation in buried iron water pipes [J]. Review of Progress in Quantitative nondestructive evaluation, 2002, 21: 1310～1317.

[19] Rong R, Vogt T, Lowe M J S, et al. Measurement of acoustic properties of near-surface soils using an ultrasonic waveguided [J]. Geophysics, 2004, 69 (2): 460～465.

[20] Borgerson J L, Reis H. Monitoring early age mortar using a pulse-echo ultrasonic guided wave

approach [J]. Proc. of SPIE, 2007, 6529: 652908 - 1 ~ 11.

[21] Borgerson J L, Reis H. Monitoring fresh mortar using guided wave [J]. Proc. of SPIE, 2006, 6174: 617401 - 1 ~ 11.

[22] 吴斌, 孟涛, 何存富, 等. 土壤声学特性的导波测量 [J]. 机械工程学报, 2006, 42 (10): 19 ~ 22.

[23] 张昌锁, 李义, Steve Zou. 锚杆锚固体系中的固结波速研究 [J]. 岩石力学与工程学报, 2009, 28 (增2): 3604 ~ 3608.

7　充填体强度的导波监测试验

　　充填采矿法是指为了保持采空区稳定性，在矿房或者矿块内，一部分回采工作完成后，用充填材料充填此部分的采空区，利用充填体的稳固性，在充填体保护下进行回采的方法。充填采矿法具有矿石回采率高，贫化率低，稳固顶板，有效控制地压活动等优点，这使得其应用比重将越来越大。充填体的强度直接关系着开采的安全及进度。通常检测充填体强度的方法是利用压力机对标准充填试块进行单轴抗压强度试验，对于现场监测充填体强度的方法目前是空白的。本书通过室内试验，利用导波监测技术对充填体的人工顶板的强度进行室内模拟研究，建立起充填体强度与声学参数的关系曲线，并给出拟合方程。

　　某铜矿采空区充填采用下向分层充填采矿法。下向分层充填采矿法一般应用在矿石不稳固或者矿石和围岩都不稳固的情况下，矿石品位较高或者贵金属矿体。这种采矿方法的特点是从上往下分层回采并且逐层充填，上面一层的人工假顶是下层回采工作进行的保证。所以上层人工假顶的强度是开采工作能否顺利进行的关键。充填时会加入竖筋以增加充填体的整体性，如图7-1所示。

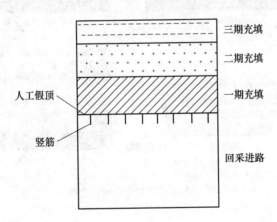

　　　　　　　　　　　三期充填

　　　　　　　　　　　二期充填

人工假顶　　　　　　　一期充填

竖筋

　　　　　　　　　　　回采进路

图7-1　下向分层充填采矿法

　　充填体－钢筋体系的声学参数（波速、衰减）大小，由充填体和钢筋共同决定，当钢筋参数值一定时，决定因素为充填体的力学参数，并能够反映充填体的强度大小[1]。充填料浆浇筑之后，在一段时间内，随着养护时间的增长，充填体的各个力学参数都发生着有规律性的变化，充填体的强度也在增长。假设随着充填体的养护时间增加，声学参数（波速、衰减）也在有规律的变化，那么，在工程实践中我们可以通过检测竖筋的声学参数来表征充填体人工顶板的强度。将充填体的强度与导波的声学参数（波速、衰减）对应起来，可以建立充填体单轴压缩强度与声学参数的关系曲线[2]。

7.1　充填体导波监测试验方案

7.1.1　试验原理

充填料浆在浇筑至养护完成时主要经历了四个不同相态变化：黏流体、黏塑性体、黏弹性体及弹塑性体。当导波穿过介质时，由于充填料浆由悬浮液至一定养护龄期时相态发生变化，所以将导致导波的波速、振幅、能量等发生变化。通过导波声学参数与材料物理力学性质建立关系，从而利用导波的声学参数变化特征来实现对充填料浆凝结过程的连续监测。其中试验装置示意图，如图 7-2 所示。

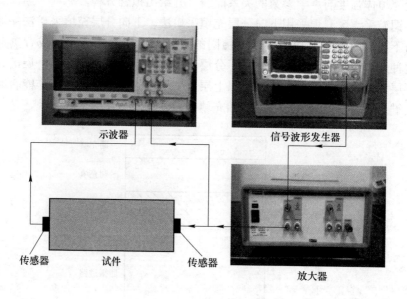

图 7-2　导波实验装置示意图

7.1.2　试件的制备

工程实践中我们可以将波导结构埋设于充填体中，裸露出一部分波导结构利于检测方便。室内试验通过水泥砂浆握裹波导杆试件来模拟现场波导杆埋设于充填注浆层中，为了与现场结合，本次试验制备试件浓度都为 70%，灰砂比为 1∶4 与 1∶8，分别代表一期充填与二期充填，其中将 1∶4 充填体记为编号 A，1∶8

充填体记为编号 B。水泥砂浆试件尺寸都为 $400mm \times 400mm \times 300mm$，于试件纵向正中心埋入直径为 $20mm$，长为 $460mm$ 的波导杆，波导杆两端各留 $30mm$，作为固定传感器，试件尺寸示意图见图 7-3，制备成型后的试件如图 7-4 所示。

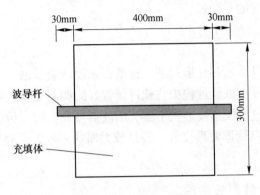

图 7-3 试件尺寸示意图

图 7-4 制备成型后的试件

试件制备前，将波导杆放入预留好的孔洞内，按要求配置好所需材料，配置量见表 7-1。将称量好的材料分别放入搅拌机中搅拌至均匀，然后把搅拌完成的料浆倒入试模中，振捣至均匀。养护 3 天后脱模，然后将试件放入标准养护箱内养护（温度：(20 ± 1)℃，湿度：大于 90%）。

表 7-1 充填料浆配置量

试件编号	材料用量		
	全尾砂/kg	水泥/kg	水/kg
A	57.6	14.4	30.86
B	64	8	30.86

为了测试声学参数（波速、衰减）与充填体单轴压缩强度的关系，试验时测定了 1 ~ 46 天养护龄期内的波速、衰减值。本书第 2 章测出了 70.7mm × 70.7mm × 70.7mm 大小的充填体试件的单轴压缩强度值，每组 4 个小试件，取 4 个试件单轴压缩强度的平均值。

7.1.3　测试系统

导波测试时可以传送各种形式波，包括正弦波、余弦波、方波等，本次试验采用了调制波。所以在试验过程中将软件设置好的调制波导入系统中即可。

导波测试系统包括任意波形发生器、示波器与放大器、传感器、夹具等。试验时发生器通过 U 盘读取波形文件，经过放大器功率放大，放大后的信号通过探头进入波导杆。

7.1.3.1　信号波形发生器

此次试验采用了美国安捷伦公司生产的 33522B 信号波形发生器，该波形发生器具有内置任意波形和脉冲功能的复合波形发生器，仪器不仅具备便利的工作台特性而且系统灵活。试验所用的信号波形发生器主要包括以下特性：

（1）16 种标准波形。

（2）内置的 16 位任意波形功能。

（3）具有可调边沿时间的精确脉冲波形功能。

（4）具有数字和图形视图的 LCD 显示器。

（5）易用的旋钮及数字键盘。

（6）用户可自定义文件名，具有仪器自带存储器。

（7）USB、GPIB 和 LAN 远程接口。

（8）可与编程仪器的标准命令兼容。

7.1.3.2　数据采集仪

示波器是用来采集、显示及存储信号的仪器，利用示波器我们能对采集的数据进行波形分析处理。此试验所用的数据采集仪是 Agilent Technologies, Inc. 公司生产的 DSOX2022A 示波器。该示波器具有两个通道，通常我们试验时选择一个通道为原始信号的输入端，两个通道为接收信号的输入通道，以此来显示信号通过介质后的时间差。通常试验时我们需要将仪器的除噪打开，使得接收到的超声信号清晰，利于后期的数据处理。该示波器具有以下功能：

（1）触发类型包括，边沿、脉冲宽度及码型。

（2）屏幕大，具有 8.5 英寸 WVGA 显示屏。

（3）有加、减、乘及 FFT 数字波形。

（4）便捷的内置测量功能。

（5）GPIB 为可选模块。

（6）自动除噪。

7.1.3.3 放大器

任意波形发生器只能产生 50mvp ~ 10vpp 范围内的电压信号，该范围内的电压信号不足以满足导波驱动传感器在波导杆中产生激励超声波[3]。所以必须采用功率放大器将信号波形发生器产生的电压信号放大[4]。该试验采用的功率放大器是采用了美国钛淦仪器公司生产的 2350 信号功率放大器。功率放大器的特性参数如下所示：

（1）增益：50dB。

（2）输入/输出阻抗：50Ω Direct Coupled/ < 0.2Ω。

（3）输出电压范围：0 to ± 200V Direct Coupled。

（4）最大输出电流：40mA per channel。

该功率放大器具有两个通道，专门为高压放大应用设计，对所有信号及函数生成器兼容。拥有 200vp-p 的输出电压，标准配置 50 倍的固定增益。两个独立通道的低幅值输出信号都有带缓冲的、电压监控输出来表示。该放大器配备了低失真及精确信号放大的功能。

7.1.3.4 波形软件

由于试验采用的信号波形发生器只能产生特定的几种波形，如正弦波、方波、心电波和噪声波等，但是利用安捷伦公司生产的 Agilent BenchLink Waveform Pre 软件的方程式编辑器可以生成我们所需要的任意波形。本试验采用了该软件的方程式编辑器调制出了 5 个周期、频率可调的调制波，通过 USB 接口将信号导入到信号波形发生器中，以此满足试验要求。

7.1.3.5 传感器

本次试验采用的传感器为北京声华兴业科技有限公司生产的 SR40M 超声波传感器。传感器的参数见表 7-2。

表 7-2　SR40M 传感器的参数

尺寸/mm × mm	接口类型	外壳材料	频率范围/kHz	谐振频率/kHz	灵敏度峰值/dB	使用温度/℃
φ22 × 36.8	M5-KY	陶瓷	25 ~ 70	40	> − 65	− 20 ~ 80

7.1.3.6 其他

除了上述介绍的仪器，导波试验时还需用到夹具、三通、信号线等。具体如图 7-5 所示。其中夹具是试验室设计加工完成的。

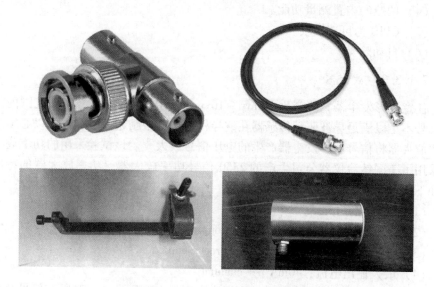

图 7-5　夹具、三通、信号线、传感器

7.1.4　测试系统参数设置

导波监测系统参数设置主要包括 Agilent BenchLink Waveform Pro 软件及信号波形发生器的参数设置。

7.1.4.1　Agilent BenchLink Waveform Pro

利用导波系统对物体进行无损检测，经常采用的方式是在结构一端激励脉冲信号，于另一端接收或者同一端接收信号，通过采集的信号对其进行分析，判断结构特点。频散现象是导波检测中最常见到的问题，由于结构的尺寸、物理特性及形状等影响，不同的频率在传播时声学参数也不一同，因此，频带较宽的信号在实践检测中容易产生形状的变化，影响检测的结果及分辨。在通信工程中，窄带信号一般指的是带宽远小于振谐频率（中心频率）。脉冲波形可以通过单一频率信号及软件设置加宽来实现。

笔者将函数输入 Agilent BenchLink Waveform Pro 波形处理软件的方程式编辑器中，函数表达式见公式（7-1）。

$$\sin(2\pi ft) \cdot (1 - \cos(2\pi ft/n)) \tag{7-1}$$

式中，f 为频率；t 为时间；n 为输入周期数。

其中采样率设置为 1MSa/s，持续时间设置为 125μs，波形周期数 n 设置为 5，调制窗口设置为 Modulation Ampl 窗口，如图 7-6 所示。

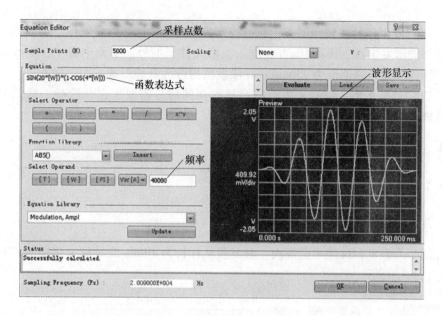

图 7-6 设置波形函数过程

7.1.4.2 任意波形发生器

信号波形发生器能够调用各种波，本次试验先通过 Agilent BenchLink Waveform Pro 软件生成波形文件，然后将波形文件导入信号波形发生器。需要注意的是，信号波形发生器开启时必须预热 10min。调用任意波形后，打开参数设置按钮，根据具体情况更改峰值，本次试验将峰值改为 750mA，打开脉冲波，将调制按钮设置为手动触发模式。

7.2 试验过程

7.2.1 导波试验前的准备工作

浇筑模型：模型浇筑前先称量好各个材料的用量，为了更好脱模，模具内部必须刷一层油；模具设计时需要预留孔洞，以便波导杆安置，孔洞需比波导杆大 2mm 以上；为了让试件内部更加均匀，模型浇筑时需要不断振捣砂浆。

7.2.2 导波测试试验步骤

（1）固定传感器：试验前传感器需要与波导杆连接，先在传感器和波导杆断面上擦一层耦合剂，耦合剂的量要适中，量太多或者太少耦合效果都将受影响[5]。本次试验采用的耦合剂是硅胶耦合剂。然后利用夹具将传感器固定于波导杆上。

（2）发射信号：按照图 7-2 的接线方式接线，本次试验只采用一个通道，开启信号波形发生器，预热 10min，导入波形文件至信号波形发生器中，更改参数中的峰值参数，峰值改为 750mA；让激发波形改为脉冲形式，手动触发。

（3）信号采集：信号采集系统对接收到的信号需要先进行除噪，然后利用示波器对接收到的信号存储入 U 盘。

7.3 试验结果

7.3.1 自由杆的频散曲线

7.3.1.1 自由杆的波速测定

图 7-7 为 80kHz 频率范围内，激发波从杆长为 49mm 波导杆中传播的试验波速值。

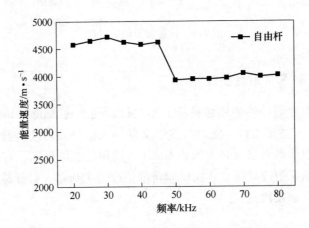

图 7-7 自由圆杆中纵向导波速度测量值（杆长 49mm）

由图 7-7 可知，随着激发波频率的不同，自由杆中导波的传播速度也存在差异。当激发波的频率为 20～45kHz 时，自由杆中导波的传播速度约为 4500m/s；当激发波的频率为 50～80kHz 时，自由杆中导波的传播速度约为 4000m/s；频率为 20～80kHz 范围内自由杆波速最大差值达到了 777.38m/s；频率为 30kHz 时波导杆的波速达到最大值。产生上述现象的原因为：传感器中心频率及波导杆尺寸的影响。

7.3.1.2 自由杆衰减试验值

引起超声波衰减的原因包括了：声束的扩散作用、介质对声波的散射作用，介质吸收走部分波[6~8]。其中扩散衰减指的是导波传播过程中，由于距离的增大，导致声束断面不断地增大，声束的扩大必将导致声束界面的增大。

图7-8为试验测得的90kHz范围内的自由圆杆中纵向导波的衰减频散曲线试验值。

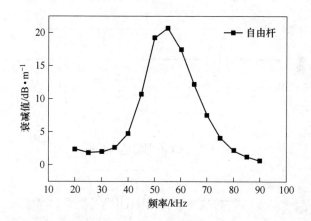

图 7-8　自由圆钢中纵向导波衰减值测量值（杆长 49mm）

由上图可知，激发波的频率不同，自由杆中导波的衰减值存在较大差异，频率为 20~90kHz 时，自由杆中导波的衰减值先增大后减小，当频率为 55kHz 时，自由杆中导波的衰减值达到最大值，其值为 20.7dB/m；当频率为 90kHz 时，自由杆中导波的衰减值为最小值，其值为 0.63dB/m；传感器的中心频率为 40kHz，中心频率的衰减值为 4.75dB/m。导波在自由杆中产生衰减的原因主要包括以下三个方面：声束的扩散作用、介质对声波的散射作用，介质吸收部分波。由于各频率对声束的扩散作用、散射作用、吸收作用的影响范围不同，所以激发波的频率不同，自由杆导波的衰减值存在较大差异。

7.3.2　激励波周期数优化

试验时采用100kHz频率范围的输入波，如图7-9~图7-11为输入周期数为3、5、8、频率为40kHz的时域波形图。

由图中可知，当激发波频率一定，周期数不同时，导波在杆中传播后形成的反射情况也是不同的，图中 a 为反射波，b 为激发波。通常情况下，激发波的周期数越多能量越大，激发波在导杆中传播后的反射波更明显，易于分析。如图7-8与图7-9所示，从反射波的幅值大小可知，5 个周期的反射波比 3 个周期的反射波衰减小，3 个周期幅值从 14.79V 降低至 0.752V，减小了 94.92%；5 个周期幅值从 14.79V 降低至 3.036V，减小了 79.47%，说明 5 个周期数的反射波能量更集中，反射更明显，5 个周期数的激发波与反射波波峰较 3 个周期数的波易于分

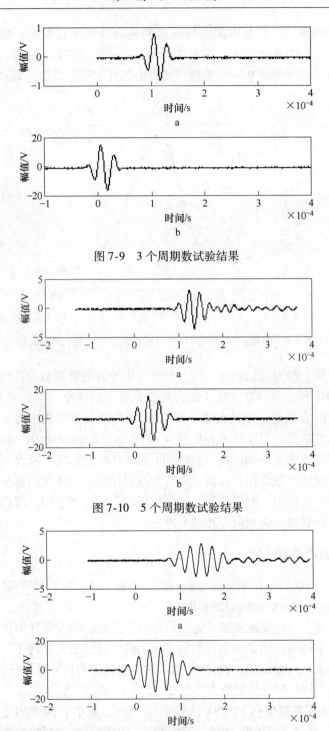

图 7-9　3 个周期数试验结果

图 7-10　5 个周期数试验结果

图 7-11　8 个周期数试验结果

辨，这样计算波峰之间的时间差更加方便。但是，增加周期数也同时增大了波包宽度，如图7-10所示，这将导致激发波的波包与反射波的波导重叠，无法识别；8个周期数幅值由15.17V降低至2.695V，减小了82.23%。所以5个周期的激发波是最适合该试验要求。

7.3.3 激励波频率优化

7.3.3.1 充填体固结波速影响

A 养护龄期与波速的关系

充填体 - 钢筋结构体系中，波速的变化主要与充填体和钢筋的参数相关，如果钢筋的参数不变，那么波速的变化主要是充填体的力学参数变化[9]。充填体的凝固过程是由流体变为弹塑性体，这个过程的变化必将导致充填体的力学参数的变化，所以我们可以通过波速的变化来反映出充填体的凝固过程，同理也可以得出充填体强度与波速的关系曲线。

不同频率检测物体得到的波速是不同的，波速的变化情况也可能不同，为了得到单轴压缩强度与波速的关系曲线，我们首先要得到最优的检测频率[10]。笔者通过监测配比为1:4、1:8，料浆浓度为70%的充填体，监测的频率为20～70kHz，监测的时间从料浆浇筑至42天整个过程。其中1:4试件标号为A，1:8试件标号为B。

波速的计算如式（7-2）所示。

$$v = \frac{L}{\Delta t} \qquad (7-2)$$

式中，v为波速；L为波导杆的长度；Δt为原信号与接收信号的时间差。

试验中，由于各种因素，易导致检测到的波峰不是真正的波峰。为了减小误差，数据处理的时间差取原信号的起振点与第一个反射波的起振点时间差，如图7-12所示。

采集的波形信号结果汇总见表7-3和表7-4。

表7-3 试件A养护龄期与波速的关系

时间/d	频率/kHz					
	20	30	40	50	60	70
1	4588.79	4721.15	4588.79	3943.775	3959.677	4057.851
2	3775.82	3356.82	3816.82	3018.54	3028.54	3982.68
3	3559.3	3004.72	3659.18	2853.33	2861.43	3434.12
7	3471.69	2832.58	3556.27	2755.12	2785.12	3399.85
14	3445.69	2811.67	3531.68	2745.78	2745.78	3374.91

续表 7-3

时间/d	频率/kHz					
	20	30	40	50	60	70
28	3420.07	2778.45	3522.46	2700.34	2700.34	3382.35
41	3524.9	2900.13	3611.12	2813.98	2818.76	3382.15
42	3511.45	2913.23	3600.02	2800.34	2802.54	3357.66

表 7-4　试件 B 养护龄期与波速的关系

时间/d	频率/kHz					
	20	30	40	50	60	70
1	4588.79	4721.15	4588.79	3943.775	3959.68	4057.85
2	3579.76	3421.15	4058.21	3092.55	3243.84	3534.21
3	3484.85	3220.57	3968.63	3004.52	3113.62	3471.86
7	3394.83	3100.15	3821.11	2914.07	3057.18	3421.72
14	3382.35	3091.26	3800	2901.13	3048.24	3410.12
28	3357.66	3060.11	3787.23	2887.73	3016.99	3378.78
41	3345.45	3048.87	3771.68	2876.83	3004.86	3362.27
42	3345.45	3045.12	3771.68	2876.83	3003.48	3361.18

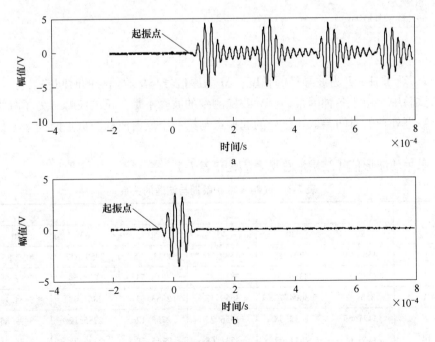

图 7-12　原信号与接收信号起振点

曲线图如图 7-13 和图 7-14 所示，其中图 7-12a 代表接收信号，图 7-12b 代表原信号，这里的波速代表能量速度。

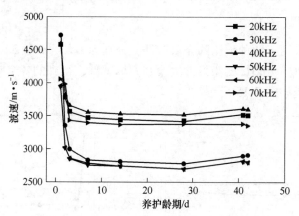

图 7-13　试件 A 波速随养护龄期变化曲线图

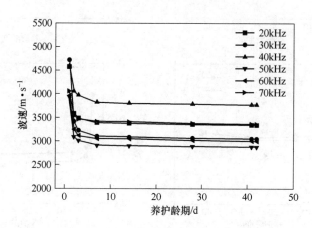

图 7-14　试件 B 波速随养护龄期变化曲线图

结果分析：

不同的频率对检测结构的敏感程度不同，如果只考虑波速的影响，由图 7-12 与图 7-13，我们可以知道配比为 1∶4 试件 A 最优频率为 30kHz，第 1 天到第 2 天差值为 1364.33m/s；配比为 1∶8 试件 B 的最优频率为 30kHz，第 1 天到第 2 天差值为 1300m/s。充填料浆浇筑至凝固前期（7 天）内波速变化较大，之后波速变化不大，趋于稳定。

由上图可知，各个频率的波速变化总体趋势都是随龄期增长而变小，其中前期波速变化最为明显；在料浆浇筑初期，充填体强度低，此时充填料浆还未对波导杆形成握裹约束作用，充填体与波导杆是独立的，所以脉冲波通过充填体-钢筋体系的波速就等于波导杆的波速；随着养护龄期的增大，充填体-钢筋体系逐渐形成一体，握裹力越来越大，所以波速也跟着变化，当充填体强度达到稳定时，握裹力也达到稳定值，所以波速趋于稳定。

B　配比对波速影响

本次试验采用了两种配比的充填试件，分别为 1∶4 与 1∶8，其他条件一致。用频率范围为 20～70kHz 的激发波去检测充填试件，得到的各个频率波速与养护龄期的关系曲线如图 7-15 所示。

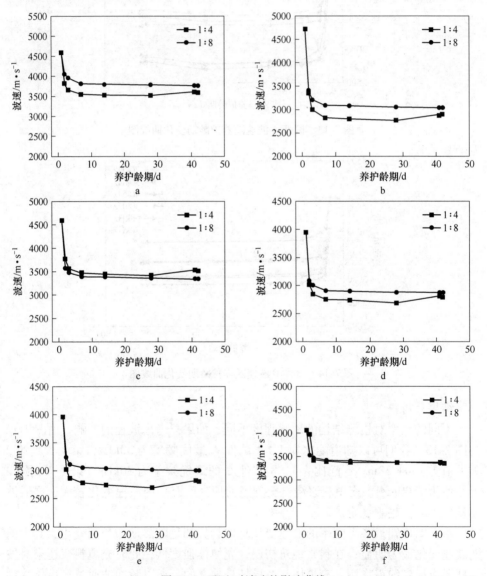

图 7-15　配比对波速的影响曲线

a—20kHz；b—30kHz；c—40kHz；d—50kHz；e—60kHz；f—70kHz

　　由图7-15可以看出，激发波频率为20kHz、30kHz、50kHz，配比为1∶8的试件波速比配比为1∶4的波速值大。发生这种现象的原因：相同浓度、相同尺寸的充填试件，配比越高胶结剂含量越多；所以在其他条件一定时，配比为1∶4的试件胶结效果会比配比为1∶8的试件胶结效果好；充填体、波导杆之间的胶结效果与它们的握裹力存在着正相关关系；充填体与波导杆之间的胶结程度越好、握裹力越大，充填体对波导杆的约束作用也越强；正是由于它们之间的相互约束作用，阻碍了质点的运动，所以配比为1∶4的充填试件比1∶8的充填试件波速值小。前期两个试件的波速值相当，主要是因为前期胶结剂的胶结效果不显著。

7.3.3.2　充填体衰减影响

A　养护龄期与衰减的关系

　　当脉冲波从导杆中穿过时，随着波阻抗的变化，能量将会重新分配，一部分能量穿过握裹波导杆的介质继续向前传播，也就是透射波；另一部分能量会反射回波导杆继续在杆内传播，也就是反射波[11]。传播能量的大小与周围介质的波阻抗差异有关。如果波导杆中存在着变阻抗界面，如试验中，充填体与波导杆的阻抗不同。我们假设波导杆的波阻抗为 $z_1 = \rho_1 v_{c1} A_1$，充填体的波阻抗为 $z_2 = \rho_2 v_{c2} A_2$，当导波传播到波导杆与充填体胶结的界面时，就会发生反射与透射。

　　充填体–钢筋体系结构包括了充填体的阻抗与钢筋阻抗，不同的阻抗将导致衰减值变化，所以我们可以通过检测波的衰减值来表征出充填体强度的变化。

　　不同的频率去检测同一个结构，衰减的敏感程度也不一样。本次试验采用了频率范围为20~100kHz。数据处理时发现20~75kHz频率接收信号较清晰，如图7-16所示，各个反射波回波明显。但是由于被检测物体的形状、物理性质及尺寸的影响，80kHz以上的接收信号出现明显的频散或者畸形现象，具体情况如图7-17与图7-18所示。

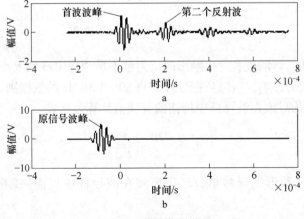

图7-16　接收信号明显

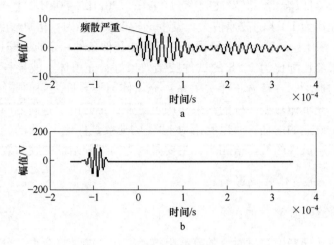

图 7-17 接收信号发生严重的频散现象

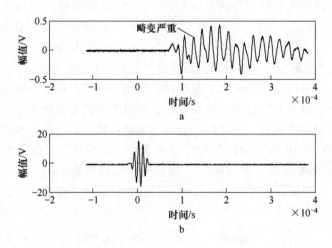

图 7-18 接收信号发生畸形现象

　　由上图可知，频散或者发生畸形的反射波不易于确定峰值大小，对试验数据的处理产生较大的影响，所以数据处理时将 80～100kHz 的数据剔除。

　　式（7-3）为导波在波导杆中传播的衰减值计算表达式。

$$A_t = -\frac{20}{L}\lg\left(\frac{P}{P_{ref}}\right) \tag{7-3}$$

式中，P_{ref} 代表原波形的峰峰值；P 代表波在波导杆中传播一端距离 L 后的峰峰值。

　　试验数据处理时，是通过上述公式计算衰减值大小，如图 7-19 所示。

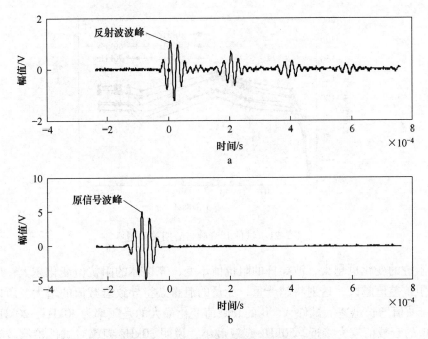

图 7-19　原信号与接收信号峰值示意图

如图 7-20 和图 7-21 所示为试件 A、B 的衰减值计算结果。

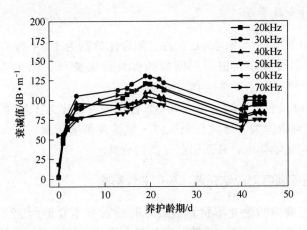

图 7-20　试件 A 衰减与龄期关系图

结果分析：

由图中可知，试件 A、B 衰减值的变化趋势相同，都是先增大后减小，40 天左右有一个突变点，先增大后减小，最后趋于稳定；两个试件的前期衰减值变化较大，分析原因，是由于试件前期凝固过程还未稳定，握裹力变化较大，固结越

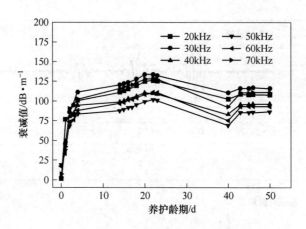

图 7-21　试件 B 衰减与龄期关系图

快，阻抗的变化也越大，波导杆的阻抗值不变，充填体的阻抗值变化越大，两介质的阻抗差值越大，透射将越严重，能量的泄露必将导致衰减值的增大，所以前4 天衰减值增长迅速。试件 A、B 的衰减值变化最大的是频率为 30kHz，20kHz 与70kHz 的衰减值较为接近，50kHz 衰减最小，说明 30kHz 频率对试件检测较为敏感，是比较理想的频率。之后趋于稳定值，是因为随着时间的推移，凝固趋于稳定，衰减值也趋于稳定。

B　配比对衰减影响

试验时，浇筑了两个不同配比试件，配合比分别为 1∶4 与 1∶8，料浆浓度都为 70%，用不同频率、相同周期数的脉冲波去测试，图 7-22 为频率 30 ~ 70kHz 的脉冲波测试两个试件得到的结果。

由图 7-22 可以看出，频率 20 ~ 70kHz 范围内，配比为 1∶8 的试件衰减值比配比为 1∶4 的衰减值大。导波在充填体 – 钢筋体系中传播时，部分导波能量会从波导杆泄漏到充填体中，从而引起导波的衰减。

7.3.4　单轴压缩强度对胶结充填体频散曲线影响

充填体的强度指的是充填材料被破坏时或者发生变形所能够承受的最大应力。充填体的强度大小直接关系着开采的安全及开采的进度。通常检测充填体强度的方法是利用压力机对标准充填试块进行做单轴抗压强度试验，对于现场实时监测充填体强度的方法目前是空白。通过室内试验，建立起充填体强度与声学参数的关系曲线，本文提出了利用导波无损检测技术对充填体进行实时监测，以达到安全开采目的。

充填料浆浇筑之后，在一段时间内，随着养护时间的增长，充填体的各个力

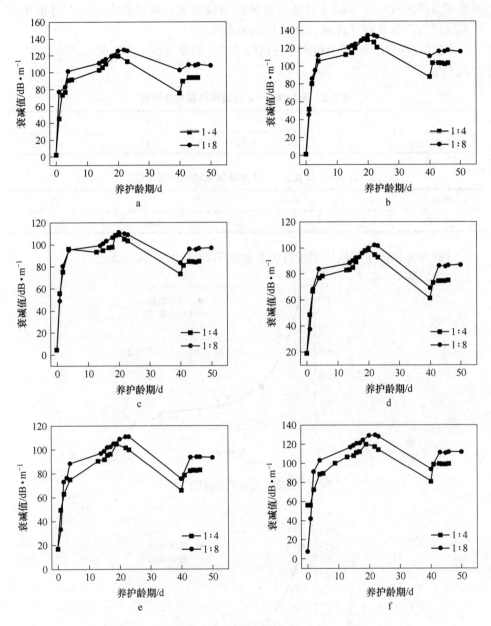

图 7-22 配比对衰减影响

a—20kHz；b—30kHz；c—40kHz；d—50kHz；e—60kHz；f—70kHz

学参数都发生着有规律性的变化，充填体的单轴压缩强度同时也在增长。假设随着充填体的养护时间增加，声学参数（波速、衰减）也在有规律的变化，那么，工程中就可以在充填时插入波导杆来监测充填体的强度增长。将充填体的单轴压

缩强度与导波的声学参数（波速、衰减）对应起来，可以建立起充填体的单轴
压缩强度与声学参数（波速、衰减）的关系曲线。

　　本次试验通过岩石压力机测得充填标准试块的单轴抗压强度值，具体见表 7-5
与表 7-6。

表 7-5　配比为 1∶4 充填体单轴抗压强度

龄期/d	3	7	14	28
P/MPa	1.23	1.82	2.34	3.42

表 7-6　配比为 1∶8 充填体单轴抗压强度值

龄期/d	3	7	14	28
P/MPa	0.73	1.12	1.47	2.12

　　波速与充填体单轴抗压强度值关系如图 7-23 和图 7-24 所示。

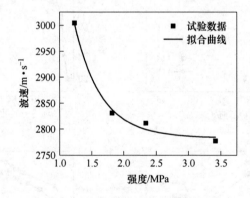

图 7-23　强度与波速关系曲线（1∶4）

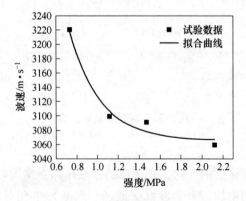

图 7-24　强度与波速关系曲线（1∶8）

配比为 1：4 的充填试件在 3～28 天内波速由 3004.72m/s 降低至 2778.45m/s，可用幂函数进行描述，其拟合方程式见式（7-4），其中相关系数 $R_2 = 0.99284$。

$$y = 4.0 \times 10^3 \times e^{\frac{-x}{0.42432}} + 2.783 \times 10^3 \tag{7-4}$$

式中，y 代表经过波导杆的能量速度，m/s；x 代表充填体强度值，MPa。

配比为 1：8 的充填体试件在 3～28 天内波速由 3220.57m/s 降低至 3060.11m/s，可用幂函数进行描述，其拟合方程式为式（7-5）。相关系数 $R_2 = 0.98238$。

$$y = 1.835 \times 10^3 \times e^{\frac{-x}{0.29457}} + 3.066 \times 10^3 \tag{7-5}$$

式中，y 代表经过波导杆的能量速度，m/s；x 代表充填体强度值，MPa。

衰减与单轴压缩强度值关系如图 7-25 和图 7-26 所示。

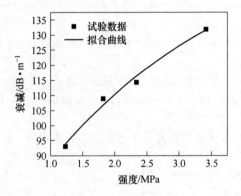

图 7-25　强度与衰减关系曲线（1：4）

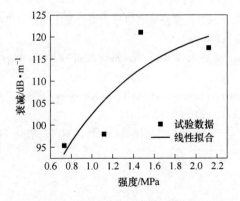

图 7-26　强度与衰减关系曲线（1：8）

配比为 1 : 4 的充填试件在 3 ~ 28 天内衰减值由 93.15dB/m 提高至 131.93dB/m，见图 7-24，其拟合方程式为式（7-6）。相关系数 $R_2 = 0.98888$。

$$y = -1.09617 \times 10^2 \times e^{\frac{-x}{2.97948}} + 1.66324 \times 10^2 \tag{7-6}$$

式中，y 代表经过波导杆的衰减值，dB/m；x 代表充填体强度值，MPa。

配比为 1 : 8 的充填体试件在 3 ~ 28 天内衰减值由 95.34dB/m 提高至 117.59dB/m，见图 7-25，拟合方程式为式（7-7）。相关系数 $R_2 = 0.73545$。

$$y = -7.8603 \times 10^1 \times e^{\frac{-x}{0.83646}} + 1.2631 \times 10^2 \tag{7-7}$$

式中，y 代表经过波导杆的衰减值，dB/m；x 代表充填体强度值，MPa。

参 考 文 献

[1] Cho Y. Estimation of ultrasonic guided wave mode conversion in a plate with thickness variation [J]. Ultrasonics Ferroelectrics & Frequency Control IEEE Transactions on, 2000, 47（3）: 591 ~ 603.

[2] 王富春. 混凝土（早期）强度动态实时无损检测技术基础研究 [D]. 太原：太原理工大学，2002.

[3] 郑磊. 微波宽带低噪声放大器的设计 [D]. 成都：电子科技大学，2006.

[4] Yang D, Yang J. High efficiency linearization power amplifier for wireless communication: US, US 8620234 B2 [P], 2013.

[5] 李翔. 导波频散与多模态问题及其形态解卷积方法研究 [D]. 成都：电子科技大学，2013.

[6] 何文，王成，宁建国，等. 导波在端锚锚杆锚固段上界面的反射研究 [J]. 煤炭学报，2009，11：1451 ~ 1455.

[7] Nucera C, Scalea F L D. Ultrasonic Nonlinear Guided Waves and Applications to Structural Health Monitoring [C]// SEM 2013 Annual Conference & Exposition on Experimental and Applied Mechanics, 2013：127 ~ 134.

[8] 张昌锁，李义，赵阳升，等. 锚杆锚固质量无损检测中的激发波研究 [J]. 岩石力学与工程学报，2006，6：1240 ~ 1245.

[9] Yi R. Stress Analysis of Paste Filling Retaining Wall of Deep Stope [J]. Modern Mining, 2009.

[10] Kazushi Y, Toshihiro T. Ultrasonic Atomic Force Microscopy [M]// Atomic force microscopy/. Oxford University Press, 2010：1412 ~ 1414.

[11] 李义. 锚杆锚固质量无损检测与巷道围岩稳定性预测机理研究 [D]. 太原：太原理工大学，2009.